岡 山 文 庫

312

続々《ぞくぞく》・岡山《おかやま》の作物文化誌《さくもつぶんかし》

臼井《うすい》 英治《えいじ》

日本文教出版株式会社

岡山文庫・刊行のことば

岡山県は古く大和や北九州とともに、吉備の国として二千年の歴史をもち、遠くはるかな歴史の曙から、私たちの祖先の奮励とそして私たちの努力とによって、現在の強力な産業県へと飛躍的な発展を遂げております。

小社は創立十五周年にあたる昭和三十八年、このような歴史と発展をもつ古くして新しい岡山県のすべてを、〝岡山文庫〟（会員頒布）として逐次刊行する企画を樹て、翌三十九年から刊行を開始いたしました。

以来、県内各方面の学究、実践活動家の協力を得て、岡山県の自然と文化のあらゆる分野の、様々な主題と取り組んで刊行を進めております。

郷土生活の裡に営々と築かれた文化は、近年、急速な近代化の波をうけて変貌を余儀なくされていますが、このような時代であればこそ、私たちは郷土認識の確かな視座が必要なのだと思います。

岡山文庫は、各巻ではテーマ別、全巻を通すと、壮大な岡山県のすべてにわたる百科事典の構想をもち、その約50％を写真と図版にあてるよう留意し、岡山県の全体像を立体的にとらえる、ユニークな郷土事典をめざしています。

岡山県人のみならず、地方文化に興味をお寄せの方々の良き伴侶とならんことを請い願う次第です。

続々・岡山の作物文化誌／目　次

冬

表紙カバー写真／レモン

春

フキ

地上はまだ北風が吹きすさび、時に風花も舞うほどの寒さが残る頃、枯草の間から凍てつく大地を割ってのぞいた小さなフキノトウを見つけた嬉しさ。まぎれもない春の使者の到来である。赤紫にやけた苞の中にぎっしり詰まった花穂の萌黄色がみずみずしい。

フキノトウは、生のまま刻んで吸い物や味噌汁の実にしたり、煮物、焼物、天ぷらなどに広く利用できる。味噌にすり込んだフキノトウ味噌もよい。特

春の使者、フキノトウ

有のほろ苦さと香りには、春の息吹きが感じられるようである。

フキノトウは古来薬用とされ、平安時代の『延喜式』（九二七）典薬の部には、相模国から九斤、武蔵国から十両を薬剤として貢進することを決めている。苦味に鎮咳、去痰、健胃効果があるとされるが、たしかにフキノトウに秘められた強い生命力は、その薬効を納得させるに十分である。

フキの花

フキノトウが立って花が咲き始める頃、地上に葉柄が長く伸びてくる。これは外皮を除いて煮つけたり、塩漬け、砂糖漬けにする。母が健在だったころは、フキが伸びてくるのを待って近くの山や畑で採れるタケノコやサンショウ、エンドウと共にちらしずしを作ってくれたものである。忙しい母を助けて指をアクで黒くしながらフキの皮を取るのは、子ども達の仕事であった。

フキの語源は、早春に地中から「吹き出す」ようにフキノトウが出てくるからとも、広くてしなやかな葉で物を拭くからともいわれる。これに、「蕗」という字をあてているのは、どんな路傍にも生えているからだとか。実際、道端から深山に至るまで、湿り気のある所なら日本中どこでも自生している。

野生種の露地栽培

　身近なフキは古来食用されていたが、野生のものを採るだけでなく、栽培も早くから行われていたようである。『延喜式』に園菜としての栽培、施肥のことなども述べられており、この時代には栽培化が進んでいたことがうかがえる。

　江戸時代には重要な春野菜の一つとなっており、多くの農書に栽培法などが記されている。宮崎安貞の『農業全書』（元禄十年、一六九七）には「市町近き所ハ是を売りて利潤多き物なり。わづかのせ

バき畠にても他の菜のをよぶ事にあらず」と栽培を奨励する記述もある。

フキの品種はいくつかあるが、よく知られるのは「秋田フキ」。東北から北海道、カラフトにかけて自生するもので、現在は秋田地方中心に栽培されている。高さが二メートルにも達する巨大なもので、その大きな葉は、民謡『秋田音頭』に「おらが国では、雨が降っても傘などいらぬ…」と唄われているように、にわか雨にも傘代わりとなるほどである。

すでに江戸時代、『和漢三才図会』（正徳二年、一七一二）に「奥州津軽ノ産ハ肥大ニシテ茎ノ周リ四、五寸、葉ノ径三、四尺。以テ傘ニ代エテ暴風ヲ防グ。南方ノ人コレヲ聞クモ信ゼズ…」とみえている。

「秋田フキ」は柔らかいものを煮物などにして食用するほか、砂糖漬け加工して、菓子材料としている。

野菜として全国市場に出回っているものの多くは「愛知早生」という品種。これは天保年間に知多郡の早川平左衛門の畑で見出された品種で、従来のものより大型、薄緑色の葉柄に基部が薄赤紫色をしている。きわめて芽出しが早いため重宝されて広まり、愛知でのフキ栽培は盛んになった。今日も知多は特産地である。

　昭和の初め、大阪では「愛知早生」を導入して栽培、「泉南フキ」の名で知られるようになり、愛知に次ぐフキ産地となった。また、その他に現在全国各地で栽培されている品種のほとんどは「愛知早生」である。

道の駅のフキ

　岡山県では、昭和四十～五十年頃、総社、早島、玉島、金光、鴨方などの地区で、ハウスでの「愛知早生」の栽培が盛んであった。八〇～一二〇センチに伸びた葉柄を十二月から四月までの間に三回収穫し、出荷した。「岡山のフキは優良品」との評価が高く、他県から栽培技術の指導を要請されたほどであったという。現在は残念ながら栽培農家は激減しており、道の駅やＪＡ農産物直売所などに並んでいるのは、野生種を露地栽培したものが多い。

　フキは栄養価はそれほど高くはないが、食物繊維が多く、独特の香気が気分を和ませてくれる。「おふくろの味」ともいえるフキの料理。春の食卓にぜひ欲しいものである。

アシタバ

遠い昔、秦の始皇帝から不老長寿の霊草を探すよう命じられた家来が日本から持ち帰ったのがアシタバであったという。健康長寿への関心はいつの時代も変わりないが、昨今の健康ブームの中、アシタバを庭先の鉢植えやプランターで栽培しているのを時々見かけるようになった。

数年前の三月、私はアシタバのふるさと八丈島を訪ねた。八丈島は、伊豆七島の最南端、東京から南へ二九〇キロメートルの太平洋上に浮かぶ常春の島。かつて「鳥も通わぬ」といわれたこの島は、関が原の戦いで敗れた備前岡山の大名宇喜多秀家が流罪となったところとしても知られ、今も岡山から墓参に行く人があるほど岡山と縁が深い。

南国情緒あふれるビロウヤシの並木を抜け、島内を巡ると、アシタバの畑はもとより道端や林縁など、そこここに青々と茂るアシタバが目に入る。大きく広げた葉は、ウドの葉に形が似ており、厚くて光沢がある。草丈は一メートル前後で、日陰のものは背丈近くもある。

アシタバはセリ科シシウド属の多年草で、伊豆七島を中心に、房総から紀伊半島にかけての黒潮洗う海岸沿いに自生する。

アシタバ（明日葉）の名の由来について、江戸期に阿部照任の著した『採薬使記』（宝暦八年、一七五八）には「八丈島ヨリアシタ草ト云フ草ヲ生ズ…。コノ草日暮ニ子ヲ蒔ク時ハ晨《アシタ》ニ芽ヲ生ズ、故ニアシタ草ト云フ」とみえている。また、アシタバとは「今日摘んでも明日にはまた葉が生える」からだともいわれる。いずれにしても、その生育が旺盛なことに由来する。八丈島に特に多いので、八丈草や八丈ゼリなどの別名もある。

八丈島では、古くからアシタバの若芽や若葉が食用にされていた。平安末期の武将源為朝を主人公にした滝沢馬琴の『椿説弓張月』にも、女護が島（八丈島）へ出向いた為朝が、島の女からあした草を煮込んだ料理をふるまわれる場面が描かれている。

備中岡田藩出身の地理学者古川古松軒は、寛政八年に八丈島を視察した幕臣からの伝聞を『八丈島筆記』に残しているが、この中でアシタバについて次のような内容を記している。「八丈島ではさつま芋、粟、稗、きび、大豆とわずかばかりの米ができるが、それは島民の十分の一の食糧にも足りない。それゆえであろうか、アシタバが山々におびただしく生えているので、島の人はこれを取って平生の食として いる。刈り取っても後から茂るので四

長寿の霊草アシタバ

季絶えることがない。人々は穀類にアシタバをたくさんまぜて食べている。葉茎共に春色で、味は大根葉のようで甘い。この草の功であろうか、八丈島には病み煩う者が少なく、齢も七十から八十歳余に及んでいる。奇妙の霊草というべきものか」

アシタバは、その名のとおり摘んでも次々と新芽が出るので年中採取でき、耕地の少ない島の人々にとって重要な野菜であった。それと同時に、健康長寿の効能もよく知られていたようである。

文政十年に八丈島へ流され、六十年間在島した近藤富蔵は『八丈実記』六十九巻を著したが、彼もこの中でアシタバの栽培方法、食べ方のほか、延命長寿に著しい効果があることを記している。富蔵自身、八十二歳の天寿をまっとうしたのはアシタバを食していたからであろうか。

宇喜多秀家もこの島で暮らすこと五十年、八十三歳で亡くなった。これまたアシタバと無関係ではあるまい。

今日では、アシタバに良質のタンパク質やビタミン、ミネラルのほか各種の有効成分が含まれていることが明らかになり、高血圧の予防、血液浄化、造血作用などが期待できる健康野菜として注目を浴びるようになった。特にアシタバの特徴である茎や葉を切った時に出る黄色い汁には、抗菌、抗酸化作用があるといわれる。

江戸時代にはすでに江戸周辺での栽培が広まっていたようであるが、元来たくましい植物なので、栽培は比較的容易である。岡山県北でも冬期の簡単な保護で育てることができる。

アシタバはどんな料理にも使えて重宝する。独特の香味とほろ苦さがあって美味である。八丈島の民宿で出た天ぷら、煮物、酢の物、おひたし等の味が忘

アシタバの天ぷら

れられず、以来、わが家の庭にアシタバが仲間入りしている。

パクチー

最近パクチーが大ブームである。パクチー愛好者を指す「パクチスト」なる呼称も生まれているとか。二〇一六年には、その年の世相を最も反映した料理が選ばれる「今年の一皿」でパクチー料理が受賞の栄に浴した。パクチーに魅了された消費者が激増し、これを使った新しい商品も次々に登場するなど、かつて脇役だったものが主役級の食材として普及したことが注目されたそうである。

このブームの背景には、海外旅行が一般化して本場のエスニック料理

パクチー畑

の味を知った人達が多くなったことがあるだろう。私もタイへ十日間ほど滞在したことがあるが、パクチーの入った料理を毎日のように供され、初めはその独特の香りになじめなかったのが、だんだん親しみがわくようになってきた。

パクチーは世界各地で食用とされているが、国によって呼び名も料理法も異なる。「パクチー」というのはタイ語。日本でトムヤムクンなどタイ料理が流行ったこともあって、タイ語が広く浸透したようである。中国語は「香菜（シャンツァイ）」、英語は「コリアンダー」。コリアンダーはギリシャ語koris（カメムシのような悪臭を出す

トムヤムクン

虫）に由来している。ただ、この強い匂いがあるのは茎葉や未熟な種実で、種実は完熟すると柑橘系のさわやかな香りに変わる。完熟種実を乾燥させたコリアンダーシードは、スパイスとして広く利用されている。

パクチーはセリ科。原産は地中海東部である。古代からエジプト、ギリシャ、ローマで薬用として栽培されていた記録がある。中国へは前漢の時代に西域から伝わり、「胡荽」と呼ばれていた。中国最古の農書『斉民要術』（六世紀）には栽培法も詳述されている。

この胡荽、わが国へは十世紀ごろまでに渡来しており、平安時代の漢和辞書『倭名類聚抄』（九三一〜九三八年成立）には和名を古仁之《こにし》として「味辛臭魚鳥膾尤爲レ要」とみえている。また『延喜式』には、宮中の食事の調理をつかさどる内膳司の耕種園圃で胡荽を栽培することを定めている。パクチーは近年入った新しい野菜かと思いきや、すでに平安時代に日本で香辛野菜として栽培、食用されていたのである。

江戸時代にはヨーロッパからも渡来しており、小野蘭山の『重修本草綱目啓蒙』（弘化元年、一八四四）には「胡荽、コニシ、コエンドロ…蛮種長崎ヨリ傳へ　今處處ニ栽ユ」とある。「コエンドロ」はコリアンダーに由来する。

『農業全書』では「菜之類」として

胡荽をあげ、「食物等の悪臭をよく去ものなり。猪肉鶏肉などの料理に加ゆれハ、悪臭を消し甚宜し」と述べ、必ず少しは作るべきだと栽培を勧めている。

『農業全書』での奨励にもかかわらず、広く根付くことなく時を経たパクチーが、今日これほどの脚光を浴びるとは、著者の宮崎安貞もびっくりであろう。その人気を支えた理由の一つに、美味と評判の「岡山パクチー」の存在がある。主産地は岡山市牟佐、玉柏地区。若手農家を中心に二〇〇〇年から栽培が始まり、現在十数戸が周年栽培している。茎葉が柔らかくマイルドな風味が特長の「岡山パクチー」は、岡山県の新たな特産品として全国的に知名度を上げている。

この地区を訪ねてみたのは四月末。ここはかつては旭川の河床で、肥沃で水はけのよい土壌を生かした黄ニラの産地として知られるところである。若者の先見性によって始まったパクチー栽培だが、黄ニラの連作障害を避けるにも好都合だったという。

パクチーはちょうど花時で、一メートル余りに伸び上がった枝先に小花を群がらせていた。うす紫色をさした白い可憐な花である。播種も同時進行で二週間おきに行っているので、芽出したばかりの畦から順に生育状態の異なる畦が広がっている。播種して二ヵ月

セリ科のパクチー

で収穫出荷できるので耕地回転率のよい収益性の高い作物といえよう。

古く薬用として栽培されていたように、パクチーは優れた健康野菜でもある。ビタミンB_1、B_2、C、Eやβカロテンの含有量が多いので、美肌効果や老化防止効果があるとされるし、硫化アリルを含むことからデトックス効果も期待できる。

あの香りが苦手という人もあるが、そんな人が急にパクチー好きになることもよくあるという。敬遠しないで、美容と健康の強い味方パクチーと仲良くしてみてはどうだろう。

アスパラガス

ゴールデンウィークに県外からの友人を牛窓に案内し、ヨットハーバーを見下ろすレストランで昼食をとった。地元産の野菜を中心にした料理だったが、その一品のアスパラガスのソテーの美味しさに驚いた。甘くてみずみずしく、シャキッとした歯ざわりが何ともいえない。聞いてみると、スタッフの方の自家産朝採りのものだという。なるほどと納得。アスパラガスは非常に鮮度が落ちやすく、採れたての風味を味わうという贅沢はなかなかできないのである。

アスパラガスの原産地は、ヨーロッパ南部から西アジアにかけて。すでに古代ギリシャ、ローマ時代には薬用や食用とされ、栽培化が進んでいた。それ以降、ヨーロッパ全土に広まり、十七世紀には移民によってアメリカ大陸へ伝えられた。日本へは十八世紀、江戸時代に当時唯一の開港地であった長崎に、オランダ船がもたらした。しかし野菜として利用されるのではなく、わが国自生の同属のキジカクシに似ていることから、オランダキジカクシと呼ばれて、葉の姿を楽しむ観賞用の植物という位置づけであった。

食用としては、明治初期、北海道開拓使がフランス、アメリカから種子を輸入して、札幌で栽培が始まった。その当時はほとんど缶詰用のホワイトアスパラガスであった。大正末期には北海道岩内町で本格的な缶詰工場が生産を開始し、栽培面積は増加していった。しかし、第二次大戦中から戦後にかけては、消費も輸出も激減するという憂き目に会う。

その後、昭和四十年ごろからホワイトアスパラガスに代わってグリーンアスパラガスの生産が増大した。両者の違いは品種の違いによるものではなく、ホワイトアスパラガスは芽が出る前に土寄せして軟化栽培したもの、グリーンアスパラガスは地上に芽を出して生育したものである。ホワイトアスパラガスは柔らかい食感が魅力であるが、近年は栄養価がより高いとして、グリーンアスパラガスの方が一般化してきている。

アスパラガスは、アミノ酸の一種アスパラギン酸を多く含む。アスパラギン酸は栄養ドリンクにも使われているように、生体内の新陳代謝を促し、疲労回復効果がある。アスパラガスの中に初めて発見されたことがその名の由来である。また、穂先に含まれるルチンは毛細血管を強くし、高血圧を予防するといわれる。他にもビタミン類豊富、活性酸素を抑えたり、動脈硬化を防いだりする成分も含まれるということである。アスパラガスの学名Asparagas officinalisのofficinalisはラテン語で「薬用」の意味。古くから薬として利用価値が高かったのは、こうした効能を古代の人々は経験的に知っていたからであろう。

岡山県内でのアスパラガスの産地化は昭和五十五年ごろから鏡野町で始まり、津山、勝英地域に広がった。現在では県南地域へも栽培が拡大している。

四月末、アスパラガスの収穫まっ最中の鏡野町の栽培農家を訪ねた。畑は、養分をしっかり蓄えた根株から爽やかな緑色の若芽がニョキニョキ伸びている。二六～二七センチになったものを刈り取るが、この時期は生育旺盛で一日五センチくらい伸びるので、朝夕二回収穫しなければならない。これが春芽で、四月初めから五月中収穫作業が続く。それが終わると一株につき三～四本残して立茎したもので根株を養成し、七～十月に夏芽を収穫するという。それを聞いて夏に再訪して

勢いよく伸び上がる春芽（鏡野町）

みると、畑の様子は一変。親茎は背丈以上に伸びて茎葉が生い茂り、それをかき分けながら夏芽の収穫が行われている。見た目は涼しげな緑の風景であるが作業はそんなに楽ではないとのこと。夏芽の収穫が終わり、十二月に入って地上部が黄化すると刈り取り、畑の病害虫の防除、施肥などして来春の芽出しに備える。

アスパラガスは播種してから収穫できるようになるまでに二～三年かかるが、五年目ごろから太くて充実したものがたくさん採れ、十～十五年間も続けて収穫できるという利点がある。

鮮度一番のアスパラガスは地産地消を旨とする野菜。緑色が鮮やかで太く張りがあり、穂先が丸くしまっているのが極上品であり、地元産を選べばこうした良い物に出会えるというわけである。

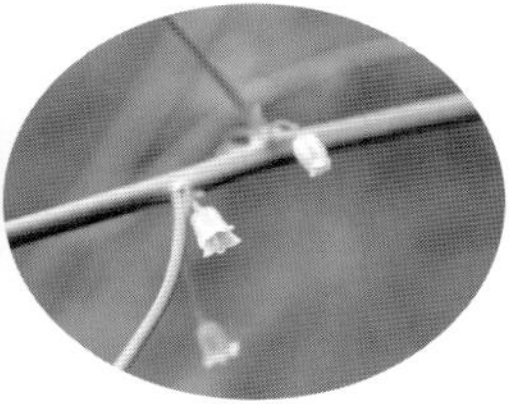

夏のアスパラ畑、花と実

レタス

　パリッとしてみずみずしいレタスは、サラダに欠かせない野菜。パン食が多くなった現代、毎日のように家庭の食卓にのぼっている。

　レタスの野生種の原産地は、地中海東部沿岸から西アジアにかけてといわれ、この地域では紀元前から栽培されていた。その野生種が各地に伝播していく過程で改良が加えられ、色々な品種に分化していった。

　レタス類は大きく分けると、玉レタス、葉レタス、立レタス、茎レタスの四つの型に分類される。玉レタスにはキャベツのように結球するいわゆるレタスと、半結球で葉の薄いサラダ菜と呼ばれるものとがある。葉レタスは結球しないリーフ型レタスで、紅色系のサニーレタスの商品名がよく知られている。立レタスは巾の狭い長形の葉が直立するもので、ローメインレタスもこの仲間。茎レタスは長く伸びる茎や、茎につく葉を下方から摘み取って食用するもので、わが国で古くから食べられていたのはこの系統である。

　中国から日本へ最初にレタスが入ってきたのは奈良時代以前。ペルシャからインドを経由してきたレタスは中国で「萵苣」「白苣」などと呼ばれていたが、この「萵苣」の名が奈良時代の正倉院文書にすでに見えている。また、平安時代の『倭名類聚抄』の園菜の部には「白苣…和名知散」とあり、「チサ」と呼ばれて栽培されていたことがわかる。

このチサ（やがて訛ってチシャ）は茎レタスに分類されるもので、江戸時代の貝原益軒の『菜譜』（正徳四年、一七一四）に「萵苣…くきは皮をはぎて膾とし、梅づけに加へてよし」とみえるように、葉だけでなく茎も利用する食べ方が継承されてきたようである。

茎レタスは、今はわが国でほとんど栽培されていないが、戦後の私の子ども時代には「掻きチシャ」と呼んで身近なものであった。成長につれて茎が伸びるので、株元の方から葉を順に掻き取って、主に酢味噌和え（チシャ揉みと呼んだ）にして食べたものである。

ただ、江戸時代のように掻きチシャの茎を食べるという経験は全くなかった。しかし本場中国では茎の径が五センチもある品種も栽培されており、茎を細く裂いて乾燥させたものを海外に輸出している。日本ではこれを「ヤマクラゲ」の名で売っているのだが、実は私がこれを知ったのは最近のこと。それまであのクラゲそっくりのコリコリした食感のヤマクラゲの正体は何だろうと不思議に思っていたのが、やっと納得できたのである。

現在主流になっている玉レタスは、

玉レタスの収穫　右列はローメインレタス（小串）

十六世紀に入ってヨーロッパで生まれ、アメリカに渡ってさらに改良された。これがわが国に伝わったのは明治時代。はじめ料理の飾りに使われる程度だったが洋食の普及につれて需要が増していった。葉が肉厚で結球するので輸送にも適しており、レタスといえばこの玉レタスをイメージするほど市場を席捲するに至っている。

玉レタスの全国的産地は長野県、茨城県などであるが、岡山県にもいくつか産地がある。その一つが岡山市小串地区。ここでレタス栽培が始まったのは昭和四十三年ごろで、東京オリンピック開催によって世界に目が開かれ、料理もグローバル化した時期と連動している。小串地区がレタス産地として名乗りを上げたのは、ここが当時酪農の盛んなところで豊富な厩肥があったことと、冬作時の温暖な気候に恵まれていたことである。ただ、機械化、大規模化が進んだというもののまだ手作業に頼るところも多く、後継者問題からレタス農家は現在減少傾向にあるという。

レタス属の学名Lactucaは、乳を意味するラテン語lacに由来するもので、茎葉を切った時に白い乳液が出ることによるとされる。また、レタスの和名チサ、チシャは乳草（チチクサ）が訛ったものといわれ、洋の東西で同じ視点からの命名というのはおもしろい。

半自動化された玉レタスの包装

この乳液に含まれる苦味成分は、食欲増進や肝臓、腎臓の機能を高める作用があるといわれる。しっかり食べたいレタス。周年出回っているが、やはり旬は春である。一つ気をつけたいのはおいしい玉レタスの選び方。八分結球くらいのふんわりしたものが甘味と歯ざわりに優れている。つい固く巻いてずっしり重いものを選びたくなるが、心したいものである。

タマネギ

タマネギは毎日の食事作りに欠かせない食材。和・洋・中華のどんな料理にも使える便利な野菜である。貯蔵に耐える上、品種と産地によって収穫期が異なるので、ほとんど一年中出回っているのもありがたい。

原産地は中央アジアとされるが、古代エジプトではすでに栽培化されており、紀元前三〇〇〇年ごろの墓の壁画にタマネギが描かれている。また、ピラミッドを築く人夫にはニンニクやタマネギを食べさせたことが、古代ギリシャの歴史家ヘロドトスの『歴史』にみえており、滋養強壮効果のある食べ物として知られていたようである。

タマネギは原産地から西へ伝わっていき、その過程で、東ヨーロッパ地方では刺激の強い辛口タマネギが、また、イタリア、フランスなど南ヨーロッパでは辛味の少ないタマネギが作られた。十六世紀になると、この両系統がアメリカ大陸に渡り品種改良されて、現在につながる多彩な品種が生まれた。

わが国へのタマネギの渡来は遅く、江戸時代に南蛮船によって長崎に伝えられたのが最初である。しかし、当時はほとんど食べられることはなかった。本格的に栽培が始まったのは明治になってからである。北海道では、明治四年に開拓使がアメリカから「イエロー・グローブ・ダンバース」を導入し、札幌で試作したのが始まりで、やがて北海道特産の春蒔き秋穫りタマネ

定植後のタマネギ畑

ギ「札幌黄」が生まれ、現在北海道はタマネギ生産日本一を誇っている。

一方、官主導の北海道に対して関西では、明治十二年、泉州岸和田の篤農家が神戸の居留地のアメリカ人から種子を譲りうけて栽培を始めた。初めはその刺激臭が敬遠されて普及しなかったが、転機となったのが明治二十五年の大阪府下のコレラの流行である。これにタマネギが効くという風説が広がり、予防薬として食べられるうちに消費が伸びていった。同時に品種の改良も進み、「泉州黄」「貝塚早生」などの優良品種が生まれた。

現在、北海道に次いで生産量第二位にあるのが淡路島である。淡路島のタマネギは、明治二十一年、県から配布された外国種をもとに、泉州の栽培技術を導入して栽培が始まり、大正期には淡路方式が確立された。淡路タマネギ栽培の特徴は、水田の裏作とするため連作障害が防げること、酪農の島であることを生かしてしっかり牛糞堆肥を入れることである。収穫したものの三〇パーセントを新タマネギとして出荷し、あとは乾燥貯蔵して七月下旬から十月末まで順次出荷する。自然の風の中で乾燥させるためにタマネギを吊り下げておくのが「玉葱小屋」。南淡路を行くと、広い畑に点々と立つこの小屋が目につくが、この地方独特の風景である。

岡山県内の産地は、岡山市、玉野市、瀬戸内市、吉備中央町などの県中南部である。特に岡山市藤田地区は広大な干拓地で機械化栽培が進んでおり、四月には早生品種の出荷が始まる。県南地方は晴天が多く、冬温暖な瀬戸内式気候に恵まれて、定植後のタマネギの順調な成育に適している。加えて三月下旬にもたらされる適量の雨が玉太りを良くして柔らかくおいしくしてくれるのである。

タマネギといえば、最も困るのが刻む時に目に沁みて涙が止まらなくなること。これはタマネギの細胞に含まれる硫化アリルの一種、アリインという成分による。包丁で切られて細胞が壊れ空気に触れると、酵素によって分解され、アリシンに変わって強い刺激性の臭いを発する。しかし、アリシンはビタミンB_1の吸収を助けて疲労回復に役立ったり、殺菌効果もある。殺菌作用は早くから知られていたようで、アメリカの南北戦争の時には、負傷兵の消毒にタマネギがたくさん使われたということである。

タマネギの成分には、他にも血液をサラサラにして血栓を予防する働きや、コレステロール増加抑制、免疫力向上などの効能があることが知られている。そのため、高血圧や糖尿病をは

春三月、土を押し分けて玉太り

じめとする多くの生活習慣病を予防したり、不眠や食欲不振にも効く健康野菜として注目度大である。

タマネギの貯蔵

夏

ムギ

初夏に岡山市藤田地区を車で走ると、爽やかな風に波打つ黄金色の麦畑が視界に広がる。「麦秋」という言葉を実感する、今は見ることの少なくなった懐しい風景である。

オオムギ、コムギなどを人類が食用にした歴史は非常に古い。原産地は地中海東岸のイスラエル、シリアからイラクにかけての草原地帯といわれ、そこに石器時代のムギの出土遺跡が多く分布している。

中国へはシルクロードを経由して伝播し、そこからわが国へ渡来した。その時期は、佐賀県の菜畑遺跡などからの出土によって縄文晩期と考えられている。文献上の初出は『古事記』で、神代にそれを見ることができる。

ムギは五穀の一つであるが奈良・平安時代は救荒作物としての位置づけであったようで『続日本紀』養老六年（七二二）七月の記事に「天下の国司に命じて、百姓が晩禾、蕎麦、および大小麦をうえ年荒にそなえて、たくわえておくようにとの詔を出した」とある。また、『類聚三代格』には弘仁十一年（八二〇）の太政官符として「麦は（米の）絶えたるを継ぎ、乏しきを

黄金色の麦秋（藤田）

救うこと穀の尤も良きものなり」と記している。

鎌倉時代になると牛馬耕と灌漑技術の進歩によって、畿内や西日本一帯でイネの水田裏作としてムギが作られるようになった。寒冷に耐え、乾地を好むムギの生産量は次第に拡大していった。

また、粒食のオオムギに対し、粉食のコムギはヨーロッパでパン食の文化をつくり上げたが、わが国では石臼製粉によるうどんの普及する江戸時代から作付けを伸ばしていった。

ムギの栽培が急速に減ったのは昭和三十年代半ばごろからである。機械化や農薬の普及などによって米の生産が安定したことや安価なコムギの輸入増加などによる。しかしその頃まで、すなわち私の中学時代までのムギ作りは、おおむね江戸時代をそのまま延長したようなものであった。

五月半ば、通学途上の麦畑が色づいてくると美しいと思うと同時に、暑苦しい難儀な季節の始まりが予感された。小学校高学年・中学生ともなると農作業の重要な働き手であり、学校から帰ると日が暮れるまで家族と共に麦刈りや脱穀に汗を流したものである。天気を予見しながらの農作業だったので、天気が崩れそうな時は脱穀など手元が暗くて見えなくなるまで作業が続いた。

ちょうど高校生になったころ足踏脱穀機から動力脱穀機に替わったが、使い慣れずに、脱粒しにくいオオムギは麦束ごとドラムの爪に巻き取られることがあった。その時は石油発動機を止めて麦束を引っ張り出さねばならず、大きな時間のロスとなった。やっと脱穀を終えて我に返ると、機械のまわりにホコリのように舞い上がったオオムギの芒《のぎ》が顔や首に刺さっておりチカチカ痛んだ。

ムギは山の畑にも作付けていて、刈り取ったものを担いで運ぶために胸をつくような急坂を何十回も息を切らせて上り下りしなけ

オオムギ

ればならなかった。重い機械を山の上まで運ぶことができなかったからである。また、脱穀を終えたムギは前庭に敷き並べた筵に広げて干し、夕方には取り込むという作業の繰り返しもあ

コムギ

り、休まる暇はなかった。

コムギはオオムギに遅れて熟れるので、オオムギのあと収穫となる。脱粒しやすいので脱穀機にかけるのはオオムギより少しは楽だったが、入梅までに片付けなければ表作の田植えの準備が迫っており、やはり重労働には違いなかった。この時期、学校の中間考査と重なり、勉強もしないと…という焦りからよけいに収穫作業は重く感じられたのだと思う。

収穫したオオムギは村の精米所へ出して精白押し麦にしてもらい、米に混ぜて麦飯に炊いていた。おやつには採れたてのオオムギを焦がして作ったはったい粉。これは何ともい

えず香ばしくて、疲れがとれる気がした。コムギは精米所で小麦粉にしてもらったり、それを村の製麺屋に持って行ってうどんにしてもらったりした。

もちろんムギ作りの大変さは収穫時ばかりではない。イネの収穫の後、牛耕から始まり、冬の間寒風にさらされながらの草取りや中耕も怠ることができない。半年以上の時間と労力をかけた結果として食卓に上ることを思うと、麦飯といえども決して粗末にはできなかった。

現在、水田裏作としてのムギ栽培は県下では主に藤田地区や西大寺地区などで、オオムギの一種、ビールムギが中心。その風景に郷愁を感じるのも、「あの難儀をしたムギ作りは、生きるために家族みんなで力を合わせて働いた珠玉のような時間だった」と、今ふり返って思えるからであろう。

ビールムギ

ニンニク

近年の夏は酷暑が続いているが、何とか夏バテせずに乗り切ることができている。その理由の一つはニンニク料理を食すよう努めていることにあるかもしれない。

ニンニクには健胃、食欲増進、疲労回復、強壮強精などさまざまな効能があ

ることが古くから知られており、「食べる万能薬」とも言われる。

原産は中央アジアとされ、すでに紀

元前から東西に伝播した。古代エジプトではピラミッドの建造に従事した人夫たちにニンニクを支給し、ギリシャ、ローマでも奴隷や兵士をよく働かせるため食べさせたという。

中国へは紀元前一世紀頃の漢代に西域からもたらされ、大蒜とか胡蒜とか称されたことが中国最古の農書『斉民要術』にみえている。これ

ニンニク畑

肉料理に欠かせないニンニク

がわが国へ渡来したのも、かなり早い時期であったようで、平安時代の『倭名類聚抄』に「大蒜」の名が載っている。

渡来は古いものの、特有の匂いが貴族階級には好まれなかったようで、食用としてよりも薬用としての利用が主であった。『源氏物語』帚木の巻に、訪ねて来た男に「風邪で極熱の草薬(ニンニク)を服用し、ひどく悪臭がするのでお目にかかることができません」と言う女の話がみえるのをはじめ、平安文学には薬としてのニンニクがよく登場している。

江戸時代にもニンニクは薬用として重要であった。『農業全書』は、「にんにくは農家にかくべからず」として、麦刈りのころから暑さが厳しくなるので、農作業に出るたびに、毎朝少しずつニンニクを食べるとよい。そうすれば日射病や暑気あたりにかからずに済む、と述べている。

また、同書は食用について、貴人や風雅の人はニンニクを卑しい野菜としてあまり用いないが、一般の人の食物としては、生でも煮ても珍重されており、特に鶏や猪などの肉料理には欠かせないものであるとしている。

『本朝食鑑』（元禄十年、一六九七）には、ニンニクを魚鳥の煮物に入れて食べると生臭みを除くだけでなく、よく毒を消すとある。ニンニクはその薬効や強烈な匂いのためか、厄除けの呪《まじな》いにも用いられたようで、夏土用の初日の早朝、ニンニクとアズキを水で飲み下して疫邪を除いたり、疫病流行の時は、各家でニンニクを門の上にかけてこれを避けたりしたことが同書に紹介されている。

こうしたニンニクの厄除けの風習を今に伝えるのが、青森県弘前市の岩木山麓にある鬼神社の夏の大祭である。この祭はニンニク祭ともいわれ、宵宮からニンニクの市がたって、参詣の人々は護符としてニンニクを買うのが習わしとなっている。求めたニンニクは束のまま自宅の戸口にかけて無病息災を願って魔除けにし、少しずつこれを食べる。この神社の祭神は鬼神で、言い伝えでは村人が水田の堰掘りに難渋していた時、岩木山に住む鬼がやって来て手助けをしてくれたことから村の守り神として祀ったのが起源であり、この鬼神の好物ニンニクを供えるようになったという。ニンニクの生産量日本一で、古くからニンニク栽培が盛んな青森県らしい夏祭である。

岡山県では、阿新、真庭、勝央、津山の各ＪＡ管内の県北地域がニンニクの産地化に取り組んでいる。健康指向の時代でニンニクの需要が高まっている中、国産だけではまかないきれず、中国産が大量に輸入されているのが現状。安心安全な国産ニンニクが求められているという背景がある。

県北地域は、寒冷な冬場に栽培できる作物が少ないので、空いた農地の活用に寒さに強いニンニク「ホワイト六片」が導入され、現在約百戸の農家が栽培にあたっている。秋に植え付けたニンニクは冬の間地中に根を張り、春暖とともに急成長して、六月から七月に収穫できる。他の作物よりも鳥獣の害が少なく、収益性も高い。

二〇一二年からは、新ブランド「金太郎ニンニク」が市場へ出荷された。大型の「ホワイト六片」で、厳重な品質基準をクリアした優品を保障するネーミングである。命名の由来は、金太郎のモデル坂田金時終焉の地が勝央町といわれ、町内栗柄神社に祀られていることによる。

金太郎の力強いイメージは元気の出るニンニクにぴったり。岡山県を代表するブランドとして、青森県に負けず頑張ってほしいものである。

シソ

「走り出て紫蘇一二枚欠きにけり」という富安風生の句があるが、わが家でも青ジソを庭に出て摘んでは、夏の食卓に彩りと香りを添えている。その清涼感のある風味は、暑い季節に欠かせない香辛料である。

シソの原産地はヒマラヤからミャンマー、中国南部といわれるが、わが国への渡来は非常に古く、各地の縄文遺跡からシソの種子が出土している。

平安時代の『本草和名』（九一八）には、シソは「蘇…和名以奴衣《いぬえ》、一名乃良衣《のらえ》」とみえており、重要な油料作物であった「衣」（エゴマ）に似た植物としてとらえられていた。

この時代、シソは食用と共に薬用とされ、『延喜式』の典薬の部によれば、伊勢国や尾張国からシソの種子が雑薬として貢進されることになっている。「蘇」は人を蘇らせる意であるが、たしかにシソはビタミンA、C、タンパク質、ミネラル類を多く含んで栄養価が高い上、その爽やかな香り成分には強い防腐、防黴の力があり、魚肉などの解毒作用もある。

これについては、中国に次のような昔話が伝えられている。後漢末の時代、名医華佗が飲み屋で蟹の食べくらべをしている若者たちに出会い、食べ過ぎを注意したが誰も聞こうとしなかった。しかし案の定、彼らは次々にひどい腹痛に倒れ、助けを求めてきた。華佗は町はずれの野原へ出て紫色の草の茎と葉を摘んで戻り、それを煎じて飲ませた。すると腹痛は次第に治まってきた。華佗がこの草の薬効を知ったのは、ある夏のこと、川辺で呑み込んだ魚が大きすぎて苦しんでいたカワウソが、紫色の草を食べて横たわっているうちに楽になっていった様子を見たからである。この魚毒を消すことのできる紫の草がシソであった。

シソは大別すると、葉が紫色の赤ジソと緑色の青ジソがある。シソは漢字で「紫蘇」と書くことから、青ジソは赤ジソの変種と考えてよいであろう。さらに葉裏のみが紫色の片面ジソ、葉に縮みの生ずる縮緬《ちりめん》ジソなどがある。

江戸時代の『農業全書』にもシソの種類についてふれてあり、「葉ちぢみて、裏表なく色のこきをうゆべし。ちゞまずして葉のうら青きは作るべからず」などと記されている。同書は、シソの栽培法に続いて料理法をあげ、「葉

青ジソ

をつミて梅漬、其外塩醤《しおみそ》につけ、羹《あつもの》、ひやしる種々の料理多し。生魚に加ゆれバ魚毒をころす」と、食べ方と共に解毒作用についても述べている。さらに葉がよく広がり、茂ってからこれを摘み取り、たくさん重ね巻きにして、わらで結んで味噌に漬けたものは大変おいしいと、保存食についても紹介している。また、「実の房枯れざるを刈取て、塩漬にし、炙りて、さかな茶うけなどによき物なり」と、シソの実の利用について記している。

シソは、芽ジソ、穂ジソ、葉ジソ、シソの実として広く利用されている。芽ジソは発芽して間もないもので、刺身のツマにされる。穂ジソは半分

穂ジソ

程度開花した花穂で、これもツマや天ぷら用。シソの実は漬物、佃煮類に用いられる。そういえば昔、母がよく作っていた福神漬にはシソの実がたっぷり入っていたものである。

青ジソの葉は、めん類や冷奴の薬味に、寿司や天ぷらの材料にと用途が多い。また、赤ジソの葉は梅干しに不可欠。葉を洗って塩でもみ、初めに出る汁を捨てた後、梅酢を加えると鮮紅色になる。ウメに含まれる有機酸によっ

て、葉の赤い色素が引き出されるのである。これであの美しい鮮紅色の梅干しができる。漬けた葉は和菓子に利用されたり、乾燥させて「ゆかり」としてふりかけなどに用いられる。

シソの栽培は各地で行われている。赤ジソは梅干し用に初夏に出荷。青ジソは「大葉」とも呼ばれ、旬の夏以外にもハウス栽培のものが周年出回っている。

赤ジソ

『農業全書』では、シソは葉も実も気分を晴らしたり、心を安定させる性のよいものであると讃え、「屋しき内、菜園の端々、…肥たる空地に八、少しうへても多くさかゆる物なり」と述べているが、実際、身近な場所に植えておくと重宝する。生命力旺盛で、毎年こぼれ種子から芽吹いて生い茂り、芽出しから結実まで長期にわたって食卓を豊かにしてくれる。その上、心身の健康が促進されるのだからありがたい。

ユウガオ

暑い日盛りを過ぎて、涼風とともにせまる夕闇にほんのり浮かび上がるように咲く純白のユウガオ。翌朝にはもう凋《しぼ》んでしまうはかない花である。

『源氏物語』の「夕顔」の巻には、この花のイメージを彷彿とさせる可憐な薄命の女性夕顔が登場する。源氏は垣根にユウガオの咲く粗末な家に住む夕顔を愛するが、彼女はある夜、物の怪に襲われてあっけなく亡くなってしまう。『源氏物語』の中でも印象深い女性の一人である。

『枕草子』では「夕顔は…実のあり

朝には凋んでいるユウガオの花（左は今夕咲くつぼみ）

さまこそいとくちをしけれ」と、その楚々とした花に似合わぬ大きな果実の不格好さを残念がっている。しかし、その果実は非常に古くからさまざまに利用され、人々の暮らしに身近なものであった。

ユウガオの原産はアフリカ又は熱帯アジアといわれ、太古から各地で栽培されており、日本でも福井県鳥浜の縄文遺跡から果皮片が出土している。一口にユウガオといっても、同種のヒョウタンを含めその果実は丸形のもの、長形のもの、腰のくびれたもの等々、多くの種類がある。熟果は中をくり抜いて種々の容器に用いた。くびれたヒョウタンは特に水や酒の容器に、細長くて末の丸いものは縦に割って杓にした。

果実のうち丸形や長形で苦味のないものは、若い果肉を食用とした。ことに丸ユウガオの果肉を紐のように細長く剥いて乾燥させた干瓢は、優れた保存食品であり、日本の伝統的食材として今日の食卓にも欠かせない。

干瓢つくりが盛んになるのは江戸時代になってからのようで、『農業全書』にも「ひさごに苦きと甘きと二色あり。甘き物わかき時、色々料理に用ひ、干瓢にして賞翫なる物なり」と記されている。現在、干瓢は栃木県が全国一の生産量を誇っているが、もとは「水口かんぴょう」の産地として知ら

ユウガオの実

れる江州水口(滋賀県甲賀地方)が栽培の中心であった。安藤広重の「東海道五十三次」の水口宿の絵にも干瓢を干す女たちが描かれている。栃木県の干瓢生産は、江戸中期の水口の城主鳥居忠英が下総国壬生城主として移った時、水口のユウガオの種子を新領地で試作させたことに始まるといわれる。

干瓢用ユウガオは、岡山県下でもかつては多くの農家で主に自家用に栽培されていた。わが家でも私の子どもの頃、干瓢つくりは夏恒例の作業であった。夏休みが始まる頃ちょうど収穫、干瓢つくりの最盛期に入る。一気に干し上げる必要から、晴天を見計い、早朝、畑へ出かけて六~八キロのまだ熟

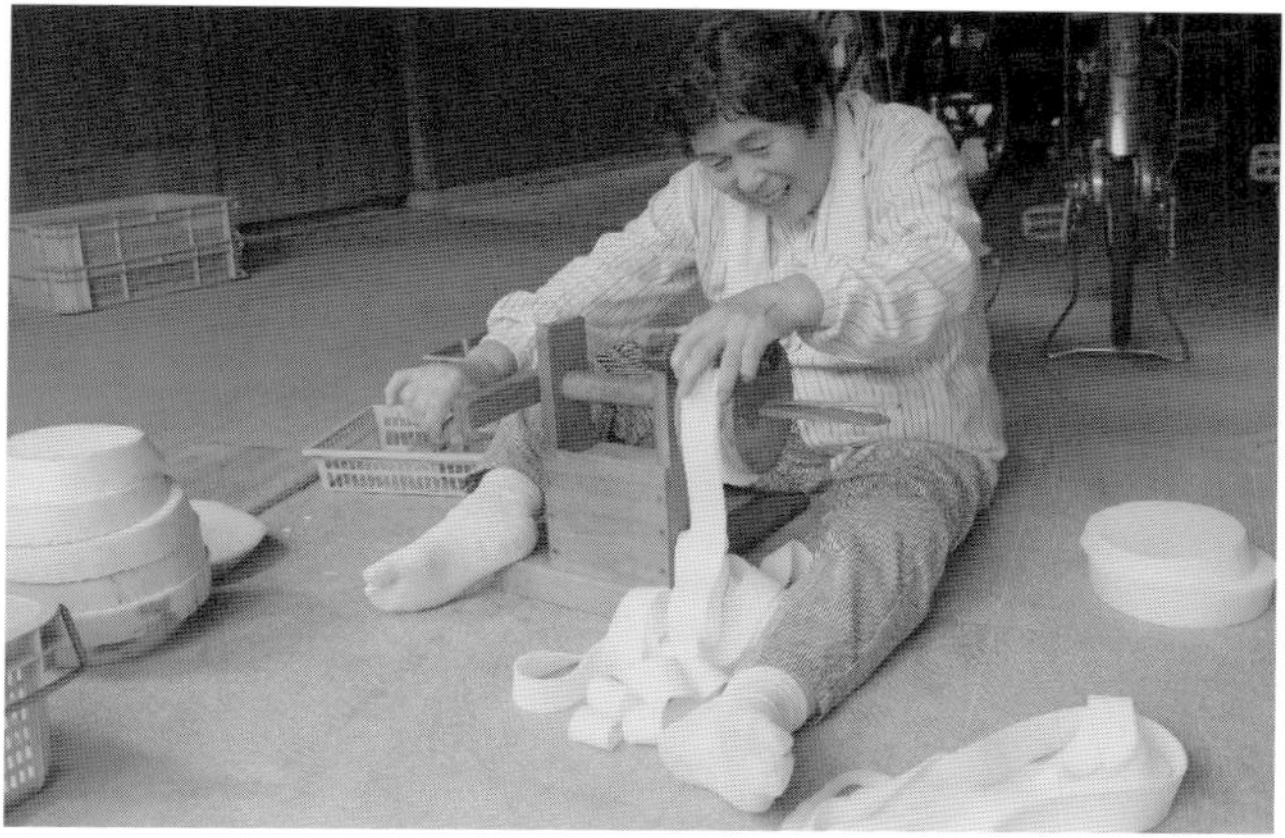

昔ながらの干瓢つくり

しきらない果実を採ってきた。莚を敷いた作業場でそれを三センチ巾くらいに輪切りにし、緑の外皮を取ってカンナをかけて回すと、果肉が白いテープ状になって繰り出されてくる。その柔らかくてひんやりした手触りは、暑い季節であるだけにとても心地よいものであった。これをすぐに竿に掛けて庭に干した。

まっ白いすだれのように並んだ干瓢は、朝の日差しにきらきらと輝き、目にまぶしかった。当時、近所のどの農家でも庭先で干瓢つくりに精を出していたので、その風景は村の夏の風物詩となっていた。

干瓢を剥いた後には、種子のある果

干瓢を干す風景（赤磐市）

肉の中心部分が円盤のような形になってたくさん残る。それを料理したものが、この時期毎朝食卓にのぼった。料理といっても円盤を薄切りにして炒め煮にしただけのものだが、柔らかく、とろけるような食感で何とも美味しいのである。しかし、家で干瓢を作らなくなってからは口にすることができなくなり、今は思い出の中の味となってしまった。

干し上がった自家製の干瓢は、風味豊かで甘味があった。その最たる出番は運動会や遠足の巻き寿司。巻き寿司を作っている母の側で、甘辛く煮付けた干瓢の端っこをつまみ食いにしたものである。また、祭や来客時のばら寿司の具にも必ず入っていたし、おせちの昆布巻の紐にも不可欠であった。

今は、近隣の農家でも干瓢つくりを続けている家はなくなってしまい、ユウガオの花も見かけなくなった。栽培と加工の労力や手間を思えば無理からぬことかもしれない。だから、まれに干瓢を干す風景に出会うことがあると、いいしれぬ郷愁にかられてしまうのである。

キュウリ

サラダに酢の物に漬け物にと、キュウリは今や年中食卓を彩っている。し

キュウリ封じ（石山寺）

かし、やはり夏こそ本領発揮。その独特の香りとみずみずしい爽やかな歯ざわりが食欲を増進してくれるし、熱をとり身体を冷やす作用があるので、夏の疲れやだるさを解消してくれる。

食べるだけでなく、キュウリは「胡瓜封じ」という伝統行事に欠かせない。これは密教の秘法として伝えられたものといわれ、病気を身代りのキュウリに封じ込めるというもので、関西、中・四国の寺院を中心に行われている。岡山県では津山市加茂町の真福寺や同市大谷の石山寺が知られ、毎年土用の丑の日にキュウリを持った多勢の参詣者が集まる。

開山以来四百年続いている石山寺で

は、キュウリに穴を開けて護符を埋め込み、氏名や願いごとを書いた紙で包んで本尊摩利支天に供える。僧侶は読経の後一本一本手にとって加持祈祷し、一晩まつって翌朝境内の丑寅の方角に埋める。

キュウリに封じるのは、キュウリが人間の立った姿に似ているからとか、輪切りにした切り口が転法輪という密教の仏具に似ているからとかいわれるが、キュウリが夏の健康維持にもたらす効能と無関係ではないであろう。

キュウリはすっかり日本の野菜となっているが、原産地はヒマラヤの南麓とされ、インドでは紀元前から栽培化されていた。そこから各地に広まり紀元前十世紀ごろには西アジアへ、そして中国へもかなり早い時期に伝播したようである。明代の李時珍は『本草綱目』(十六世紀)で張騫が紀元前二世紀に西域に使して種を得てきたことから、胡の国の瓜、すなわち「胡瓜」と名づけたとし、さらに熟れると果皮が黄色くなるところから、「黄瓜」と呼称を改めたという説を紹介している。

わが国への渡来は、平城宮跡から種子が出土していることから、それ以前と考えられる。また平安時代の『本草和名』に「胡瓜…和名加良宇利《からうり》」とあるのは、中国からきたことを示唆している。しかしながら、江戸時代中期ま

菜園のキュウリ

ではキュウリはあまり上等な野菜ではなかったようで、『本朝食鑑』にも「大体蔬としては佳くない。ただ塩漬、糟漬にして蔵し、香の物とするのが佳い」とある。また『農業全書』には、「下品の瓜にて、賞翫ならずといえども、諸瓜に先立ちて早く出来るゆへ、いなかに多く作るものなり、都にはまれなり」とみえており、早い時期に収穫できる点をよしとしている。今は最も需要の多い野菜の一つであるキュウリが、三〇〇年前にはこの扱われようであった。

江戸時代にいまひとつ人気が出なかったのは、あの苦味によるものではないだろうか。今もヒマラヤ南麓に野生するキュウリは苦味が強いといわれるが、伝播と育種の長い歴史の過程で、苦味はだんだんと除かれていった。残念ながらまだ苦味が抜けきれていない江戸時代、徳川光圀の逸話を集めた『桃源遺事』(元禄十四年、一七〇一)には「黄瓜…毒多くして能少し、いづれにしても植べからず、食すべからず」との記述がみえ、その苦味に毒性さえ疑われていたことがうかがえる。

実際苦味が完全にとれたのは近年のことであるが、キュウリの品種改良は著しく、黒イボから白いイボのものが主流となり、さらにイボのないフリーダムも出ている。また、白い粉のないブルームレスのキュウリも。

キュウリもみ

私の子ども時代のキュウリといえば、太くて大きく黒イボのあるものだった。元の方から二～三センチが苦いものがあり、これを切り落として切り口同士をすり合わせてから調理していた。

母がよく作ってくれたのは「キュウリもみ」。畑からもいだばかりのキュウリの皮を剥き、縦半分に切って種をくりぬいてから刻んで塩もみし、酢味噌で和えたものである。キュウリを刻むトントンとリズミカルな母の包丁の音を聞きながら、酢味噌用の炒りゴマを大きなすり鉢で擂る手伝いをさせられたことも懐しい。

夏の間、毎日収穫できるキュウリは、こうして毎日食卓にのぼったが飽きることもなかった。エアコンもない時代、家族みな夏を元気で乗り切ったのは、毎日おいしく食べたキュウリが病気を持ち去ってくれたからかもしれない。

オクラ

爽やかな緑色で、星形の切り口が美しいオクラは、夏の食卓に欠かせない。生のまま刻んでかつお節と醤油をかけるだけ、あるいは酢の物、和え物、納豆

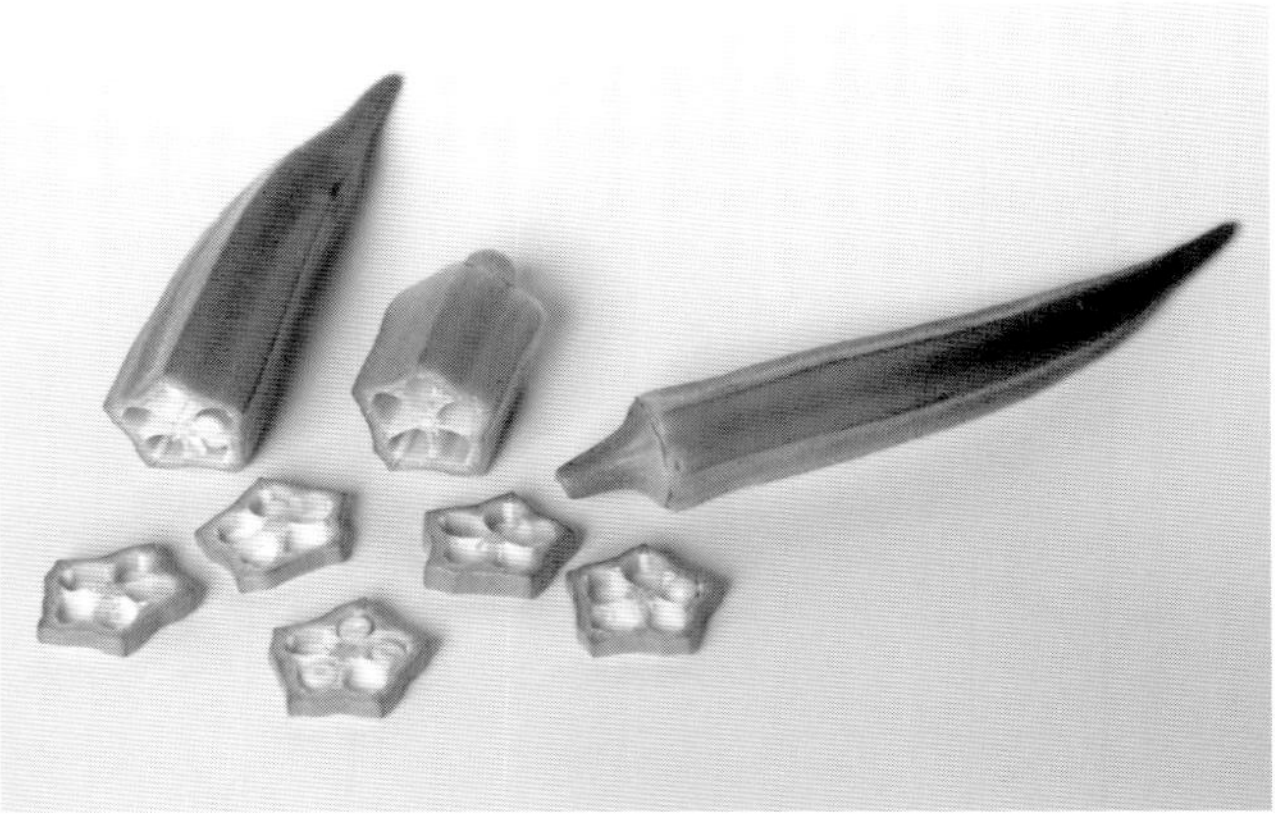

星形の切り口

に混ぜるのもよい。煮物や天ぷらにしても美味である。オクラは今や和食の優れた食材の一つであるが、日本人にとってこれほど身近な野菜となったのは、比較的近年のことである。

オクラは、ヴィクトリア湖からスーダンのハルツームに至る白ナイル川の流域にその野生種が見つかっていることから、北東アフリカの原産と考えられている。その後、エジプトからペルシャ、インドなど熱帯、亜熱帯地域へ広まっていった。野菜としての栽培の歴史は古く、エジプトでは紀元前二世紀ごろから食用されていたという。今日でもアフリカではオクラは重要な野菜であり、毎日のように食べられている。蒴果だけでなく葉もソースのとろみづけに利用し、台所にはうす切りにして乾燥させたオクラを常備しているということである。

十七〜十八世紀にかけて、アフリカ西岸から黒人奴隷が南部アメリカに送り込まれ、大農場の綿花栽培などに酷使された歴史は周知のところであるが、オクラはこの黒人奴隷たちによってアメリカにもたらされた。南部諸州に広まったオクラから、やがてルイジアナ州ニューオーリンズで「ガンボスープ」という有名な料理が生まれる。「ガンボ」はオクラを意味するアフリカの言葉からきたもので、故郷のオクラの料理が基となっている。それとフランス料理のブイヤベースなどが一緒になったスパイシーなスープで、魚介類や肉類とトマトなどの野菜に、たっぷりのオクラを入れて煮込み、とろみをつけたものである。

わが国でオクラのことが初見されるのは、『西洋蔬菜栽培法 開拓使蔵版』（明治六年、一八七三）である。和名「アメリカネリ」と記されていることから、幕末から明治の初めにかけて、アメリカから渡来したものと思われる。ネリとはトロロアオイのことで、その根から抽出した粘液が和紙を漉くための糊料として用いられており、古くから栽培されていた。オクラとは近縁で草丈はオクラより低いが、黄色の美しい花

花も美しいオクラ

がよく似ているため、そう呼ばれたのであろう。

　オクラの栽培が少しずつ広まっていったのは第二次大戦以後である。戦時中、東南アジアを転戦した兵士たちがその地でオクラの味に親しみ、復員後その味を懐かしんで栽培を始めたことがきっかけとなった。また、戦後の生活様式の変化と、食の多様化を背景に、新しい食材が求められたことも普及を促した。

　進取の気性に富んでいた父は、戦後早いうちから種子を手に入れ、自家用に試作した。初めての料理は、若い蒴果を薄く輪切りにし、酢醤油をかけただけのものであった。ひどくねばねばしているが、旨みもあり、不思議な食感という印象であった。食べ慣れたキュウリの酢の物などと比べてしばらくの間はその異質感はぬぐえないものがあったが、冷房のない暑い夏に食の進む料理であったと思う。忙しい母にとっても調理が簡単で重宝したにちがいない。

　父はまた、オクラの完熟種子を焙って挽き、自家製のカフェインレスコーヒーを作って飲ませてくれたこともある。どこでそのような知識を得たのか、新しいことの好きだった父らしい思い出である。

　オクラの生産量が急速に増えたのは、昭和四十年代から始まったコメの生産調整と連動している。すなわち、鹿児島県、宮崎県、高知県などの温暖なところでは、オクラがイネの転作作物として栽培され、特産農作物として全国出荷されるようになったのである。

オクラは熱帯性の植物であるから、気温の上昇に従って成長の速度も増し、花が咲いて四、五日もすれば収穫できる。うっかり穫り忘れていると筋が固くなって食べられなくなるので注意が必要。もっとも最近では筋のあまり固くならない丸オクラという品種も出廻っている。また、品種としては蒴色の珍しい赤オクラ、白オクラもある。

オクラは、そのぬめり成分に水溶性食物繊維のペクチンや糖タンパク質のムチンなどを含み、健康野菜としても人気がある。わが家の菜園でも半世紀以上にわたって夏の間の家族の健康に寄与し続けてくれている。

トウモロコシ

私の子どもの頃は終戦直後の食糧難時代で、屋敷まわりに少しでも空地があればそこにトウモロコシを植え、食糧の足しにしていた。今のように甘いものではなかったが、七輪にかけて焼く時、羽釜で茹で上げる時、何ともいえずよい香りが漂い、その場で丸かじりして空腹を満たしたものである。

トウモロコシはコメ、コムギと並ぶ世界三大穀物の一つ。原産地はメキシコ以南の中南米とされ、紀元前二〇〇〇年ころには栽培化されたといわれる。古くからアメリカ大陸先住民の重要な食糧であり、それだけに彼らにとって聖なるものとして崇められる対象でもあった。

中米グアテマラには、人間は神によりトウモロコシから創られた、という神話が伝わる。そんな古代マヤ文明の伝統を色濃く残すこの国を、私は先年訪ねた。山間地に暮らすマヤ族の間では今なお焼畑によるトウモロコシ栽培が行われており、原始農耕を見る思いであった。トウモロコシの粉を水で練って丸く平たく焼いた「トルティーヤ」は、主食としてグアテマラの食卓に欠かせないものであり、私も滞在中よくご馳走になった。

トウモロコシが世界に伝播したのは十五世紀、新大陸を発見したコロンブスがキューバからスペインへ持ち帰ったのが始まりである。以来、ヨーロッパ各地から北アフリカ、中近東まで急速に栽培が広まった。

日本へは天正七年（一五七九）、ポルトガル人が長崎へもたらした。江戸時代には各地で栽培され、特に稲作の困難な山間地では、土質を選ばないトウモロコシは重要な作物となった。大蔵永常も『農稼業事後編』

（天保八年、一八三七）で、東国では空いた土地にトウモロコシを作って飢饉の備えにするとよい、と述べている。

当時日本に伝わっていたのは実の固い品種であったが、薩摩藩の農書『成形図説』（文化元年、一八〇四）によると、「此もの三種あり…子の色に紫赤と白黄あり、紫赤なるは粘り、黄白はねばらず、炒折《はせ》となすには、紫赤を佳とす」と、その頃には三種類があったようである。さらに、砂糖を使って菓子にするとか、焼酎に造るなど多様な利用法も記されていて、身近な作物となっていたことがうかがえる。

また、当時各地にナンバンキビ、ナンバン、トウキビ、コウライキビなどさまざまな呼び名があったのも、それぞれの地とのつながりの強さの表れといえよう。ちなみに私の村では戦後まではまだトウモロコシでなく、ナンバであった。

トウモロコシの本格的な栽培は、明治初年、北海道開拓に伴ってアメリカから新しい品種が導入されたことに始まる。食用や飼料用として大規模に栽培され、北海道は現在も国内最大の産地となっている。

第二次大戦後は米の不足を補う食糧でもあったトウモロコシであるが、昭和二十四年導入の「ゴールデンクロスバンタム」、昭和四十年代の「ハニー

一番上の雌穂

バンタム」などのスイートコーンの一代交配種F_1が次々にアメリカから入ってきてから、その生産は急増していった。高糖度のスイートコーンは未熟のものを野菜として煮たり焼いたりして食用する他、缶詰などの加工原料とする。トウモロコシには、ポップコーンの原料となるものや、コーンスターチの原料となるものなどいろいろな品種があるが、今私たちに一番なじみ深いのはスイートコーンで、単にトウモロコシといえばこの種を指すほどである。

岡山県下でスイートコーン栽培の盛んなところは蒜山地方である。高原地帯のため昼夜の温度差が大きいことから、ここのトウモロコシは甘くておいしいと定評がある。産地化が進んだのは昭和五十年代後半からで、収穫期にこの地を訪ねると、道の駅や青空市にトウモロコシが山と積まれている。避暑や観光で来た京阪神や県南からの買い物客たちが両手に抱えて品定めに賑わっている光景も蒜山ならではである。

ここでは四月末～五月初めに播い

蒜山のトウモロコシ畑

賑わう道の駅

て、七月末～八月初めに収穫する。一本の主茎に三個ほどの雌穂がつくが、一番上の雌穂だけを充実させるために他は取ってしまう。トウモロコシの糖分は夜の間に蓄えられるので、最も糖度が高まるのは日の出前。そのため収穫は早朝に行い、すぐに保冷している。こうした農家の努力と生育地の自然条件とが相まって甘みの強い蒜山のトウ

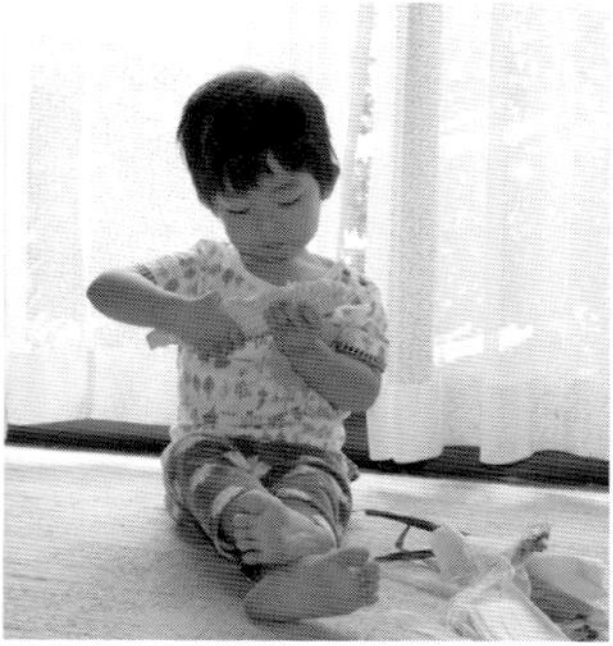

甘いトウモロコシ大好き

モロコシができるのである。

カボチャ

戦中戦後の食料難時代、麦飯代わりに毎日のように食卓にのぼって飢えを救ってくれたカボチャ。今日でもカボチャの煮付けはおふくろの味の定番である。

そんなカボチャの故郷は遠く中南米。コロンブスの新大陸発見後、各地へと伝播する。日本へは戦国期に、ヨーロッパを経由して南蛮船によってもたらされた。「天文年中西洋人始めて豊後の国に来船し、国主大友宗麟に種々の物を献じ、大友の許しを得て其後毎年来れり。其時代に蛮人等、此の南瓜のみならず数種作物の種子を持ち来たれりと云ふ」と、江戸時代の農政学者佐藤信淵が『草木六部耕種法』(天保三年、一八三二)で述べている。これがわが国へのカボチャの最初の渡来の状況である。この「南瓜」はカンボジア産のものが伝わったことから「カボチャ瓜」とも呼ばれた。

また、少し遅れてマカオやルソンから長崎へ種子が入り、付近の農家で栽培されて中国人やオランダ人に売られることもあったようである。

江戸期におけるカボチャ栽培の様子について、伊勢貞丈が『安斎随筆』(刊行年未詳）の中で「このカボチャ瓜、予が幼少より弱冠のころ、享保年中までは市にて売らず、無きが故也。稀に人の家園に種へる者ありし。長崎などより其種を伝来せしにや。常見なれざる物なれば毒物ならんかとて食せざる人もありし。元文の頃より所々にて種へ弘めて今は市に多く売り、夏秋の菜物となれり」と述べている。初めは見慣れない代物ゆえ警戒する向きもあったが、江戸時代中期ごろには各地に栽培が広がり、野菜としての市民権を得た。この間、各地で地方品種が生まれた。

これらの系統のカボチャは、今日ニホンカボチャといわれるもので、表面に溝や瘤があり、果肉に粘り気があるのが特徴である。一方、開国後の幕末から明治初頭にかけてアメリカからもたらされ、北海道の開拓地や冷涼地を中心に栽培が広まったカボチャがある。この系統が今日のセイヨウカボチャで、表面が平滑なものが多く、果肉はホクホクして甘味が強い。

近年、わが国で栽培の主流になっているのはセイヨウカボチャ。食生活や嗜好の洋風化によるものと思われるが、昭和四十年ごろから生産量が多くなった。対するニホンカボチャの生産量は減少し、たくさんあった在来品種が姿を消しつつある。

そんな中、岡山の伝統野菜「備前黒

セイヨウカボチャ

備前黒皮南瓜
（写真提供：日本カボチャ備前黒皮を復活させる会）

皮南瓜」は貴重なニホンカボチャの代表品種である。昭和初期に栽培が始まり、昭和二十五年ごろに最盛期を迎えた。果肉は、粘質で食味が良く、日本料理に欠かせない。これもまた栽培が激減し、危機的状況となっていたのだが、現在、有志による「日本カボチャ備前黒皮を復活させる会」が発足し、瀬戸内市で栽培と普及に取り組んでいる。

カボチャの栽培種は大きく分けて三種で、ニホンカボチャとセイヨウカボチャの他に明治初年以降に渡来したペポカボチャがある。この仲間にはポンキンと呼ばれる飼料用の巨大なものがあり、大きさを競うコンテストには

ペポカボチャ（ソーメンナンキンとオモチャカボチャ）

一〇〇キロを越すものが出展されている。逆に小さいものでは観賞用のオモチャカボチャがあり、形もさまざま、直径数センチほどのものもある。

ペポカボチャの中で食用とされるものに、岡山県南で昔からなじみ深いソーメンナンキンがある。やや縦長のウリ型で、薄黄色の表皮、これを輪切りにして茹でると黄色い果肉が素麺状にほぐれてくる。それを麺つゆや三杯酢で食べる。最近テレビの全国放送で「岡山の不思議な麺料理」としてソーメンナンキンが紹介され、知名度が上がってきた。

また、近年イタリア料理の浸透とともにズッキーニの栽培が拡がりつつある。ズッキーニは未熟果を利用するため色と形からキュウリを連想させるが、これもペポカボチャの一種である。

わが国では「冬至南瓜」といって、冬至にカボチャを食べる習慣がある。そうすると中風にならないとか、風邪を引かないとかいわれるが、ビタミンAやカロチンが豊富で保存性のよいカボチャを野菜類の少ない冬まで残しておいて食べるという先人の知恵であったのだろう。現在は保存しなくても冬には南半球のニュージーランドなどからの輸入物が多く出回っているから、簡単に「冬至南瓜」のご利益に預かれるというわけであるが。

茹でたソーメンナンキン

秋

ヘチマ

昔はよく、夏の暑さしのぎに軒先にヘチマの棚を作り、強い日射しを防いだものである。ぶらりと垂れ下がった長い果実が風に揺れる姿は飄然として風情があった。

何もしないでぶらぶらしている男を「ヘチマ野郎」と呼ぶなど、ヘチマはつまらないものの喩えによく使われるが、どうして用途いろいろ、とても有用な作物である。

原産は熱帯アジアといわれ、わが国へは江戸時代初期に中国経由で渡来した。漢名「糸瓜」から、はじめイトウリといわれ、やがてヘチマと呼ばれるようになった。その名の由来について『物類称呼』(安永四年、一七七五)には、「いとうり」が略されて「とうり」になり、「と」は、いろはの「へ」と「ち」の間なので「へち間」と名づけられるようになったと記されている。

ヘチマは熟してくると網目状の繊維が発達する。これをタワシとして利用することは早くから行われており、寛文五年(一六六五)の『東海道路の記』には「袋井に泊り、行水し侍るに、むさきへちまを出しければ…」とみえている。当時、浴用にヘチマのタワシを使っ

ヘチマ棚

ていたことが知られるが、ヘチマの繊維は肌になじみ、使い心地が良いものである。また、食器洗いに、鍋洗いにと、かつては台所の必需品であった。その他、軽くて通気性がよく、水分を吸うことから、ヘチマの繊維で作った靴の中敷もよく利用された。戦前は、国内のみならず欧米に向けての輸出も盛んで、ドイツでは靴の中敷、イギリスでは船の重油濾過材として使われていた。

初秋にヘチマの蔓を地上三〇～六〇センチのところで切り、切り口を瓶に挿しておくと一昼夜で二リットル近くの水が溜まる。このヘチマ水は江戸時代には「美人水」ともいわれ、化粧水として重宝された。肌を良くし、アセモやヒビ、アカギレにも効くという。ヘチマ水には、サポニン、タンパク質、カリウムなどの有効成分が含まれている。このヘチマ水は八月十五夜に採るのがよいと言い伝えられ、「名月に手伝わせたるけしょう水」という古川柳もある。実の太るこの頃、ヘチマ水の質は最も良くなるのであろう。

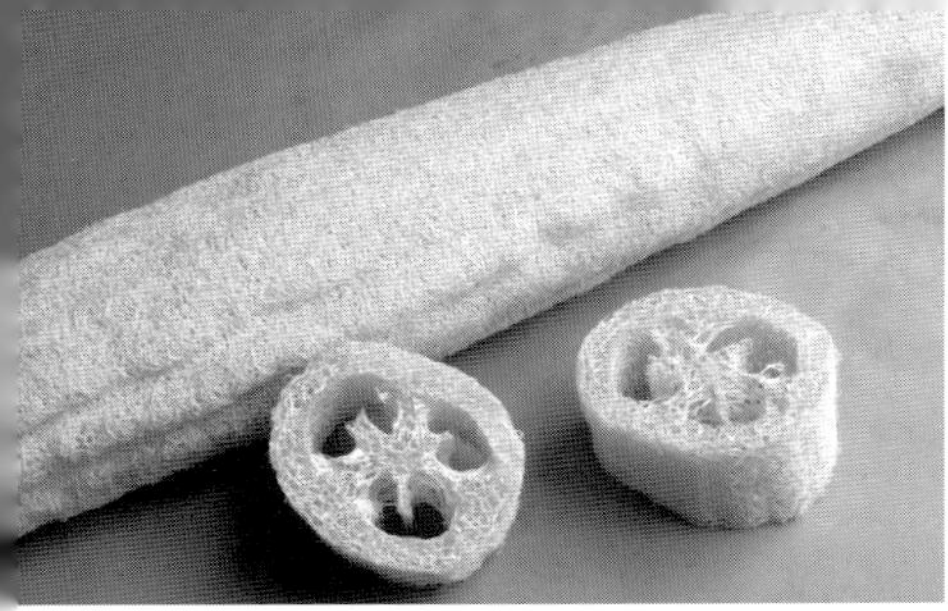

ヘチマのタワシ

ヘチマ水は化粧水にするほか、飲用すれば咳止め、痰切り、利尿などの薬効があるとされた。明治三十五年九月十九日に亡くなった正岡子規の命日は「糸瓜忌」といわれるが、それは次の絶筆三句に由来する。

糸瓜咲いて痰のつまりし仏かな
痰一斗糸瓜の水も間に合はず
をととひの糸瓜の水も取らざりき

結核による長い闘病生活の中で、咳に苦しんだ子規は鎮咳、去痰作用のあるヘチマに格別の思いを持っていたのであろう。三句目の「をととい」は旧暦八月十五日であった。

ヘチマの薬効を期待して旧暦八月十五日に咳痰喘息、加えて諸病の平癒を祈願する「ヘチマ加持」が、今も各地の寺院に伝承されており、近くでは鳥取県の摩尼寺の「ヘチマ加持修行」がよく知られている。

ヘチマはタイや中国などでは食用として栽培されているが、わが国でも江戸時代の『農業全書』には「糸瓜、わかき時は料理にして食す」とみえている。また、『成形図説』には「豚肉、炮魚《あぶり》などと煮て食ふ。みそ田楽として豆腐あえものとして食ふ」とあり、現在も鹿児島県や沖縄県では野菜として盛んに利用している。花後十日前後の未熟果は柔らかいし、この地方では成長しても繊維の発達しない品種も栽培されている。

沖縄での呼び名はナーベラー。語源は「長瓜」の意とも「鍋洗い」の意ともいわれる。皮をむいて輪切りにし、味噌炒め、酢味噌あえ、チャンプルーなどにする。とろりと柔らかくて、独特の甘味と歯ざわりがある。市場にみずみずしい緑のナーベラーが山と積まれて売られているのも沖縄ならではの風景である。

これからは日本中のあちこちでかってのヘチマ棚が復活するのではないだろうか。未曽有の大震災を経験してこれまでの生活を見直さなければならなくなった今の時代、先人の暮らしぶりに学ぶことも大切。冷房を少し止めて、花も美しいヘチマ棚に涼を求めるような夏にしたいものである。

ヘチマの花

エゴマ

四十年ほど前、高梁市川上町の山中にある古色蒼然たる穴門山神社を訪ねたときのこと、谷筋の参道にさしかかると、かぐわしい香りが漂ってきた。それは秋祭に備えて地元の人たちが刈り払った道端の草から匂ってきているのであった。その草姿は青ジソに酷似しているが少し大型であり、シソより厚目の葉は縁の切れ込みが小さい。

この香草はエゴマであるに違いないと確認できたが、その当時岡山県ではエゴマの認知度は低く、栽培されていると聞いたこともなかったので、この

エゴマの葉

伝統作物の種子が思いがけない所に伝存されていたことに驚いた。谷筋の燈明のエゴマは、おそらく穴門山神社の燈明の油を採るために、かつて村人が植えていたものが逸出して今日に至ったものであろう。エゴマの種子から絞った油は、菜種油の普及以前には第一の燈油であった。

エゴマの原産地はアッサムから中国雲南にかけてで、わが国へは朝鮮半島を経由して渡来したといわれる。古くから栽培されていたことは、各地の縄文遺跡からその種子が出土することによって知られる。食用や薬用にされたほか、寺社の燈明用として必需のものであった。平安時代の『延喜式』にはエゴマの油、すなわち荏油が諸国より貢進されたことがみえている。

中世になると、エゴマは油料作物として栽培がいっそう盛んになった。このエゴマの買付け、搾油、販売の独占権を持っていたのが、山城国大山崎の油座であった。座の結成は平安末期にさかのぼり、大山崎離宮八幡宮の神人《じにん》たちは、本社である男山の石清水八幡宮の権威によって油座の特権を与えられていた。彼らは畿内はもちろん伊勢、尾張、美濃、近江、そして瀬戸内海に臨む播磨、備前、阿波、伊予、さらに肥後まで行商し、利益をあげた。無断でエゴマの商売をする者に対する措置について、離宮八幡宮に室町時代の次のような古文書が伝わっている。

摂州道祖小路・天王寺・木村・住吉・遠里小野ならびに江州小秋散在の土民等、ほしいままに荏胡麻を売買せしむと云々。向後は彼の油器を破却すべきの由、仰せ下さるる所なり。仍って下知件の如し

応永四年　五月二十六日

沙弥（花押）

このように、座衆以外の者の営業に対しては、搾油器の破壊をもってのぞむほどであった。

戦国時代、美濃の大名となった斎藤道三は、もと大山崎の油座に属する行商人であった。彼に美濃の国盗りの

庭に植えたエゴマ

野望を抱かせたのは、荏油で築いた財力と、行商で得た情報の集積によって養った時代を読む目によるところが大であったと思われる。

　大山崎離宮八幡宮は今日も油の神様として、ことに油脂業界の人々の信仰が厚い。毎年四月に行われる春の例祭・日使頭《ひのと》祭に出かけたことがあるが、この日は製油、販売を営む業者が全国から集い、油祖に感謝する。社頭には、平安時代に離宮八幡宮の宮司によってわが国で初めて考案された長木式搾油器が復元展示されており、参拝者には搗きたての餅にエゴマを擂りおろしたたれを絡めたものが振る舞われた。

　江戸時代の中期になると、収量の多い菜種（アブラナ）の栽培が普及してゆき、油料作物としてのエゴマの地位は次第に低下していった。また、荏油は乾性油で防水性に富むため、雨傘、合羽、油紙になくてはならないものであったが、これも時代の推移と共にその用途が減少していった。

　食用としても、ゴマに追われた感があるが、高原や寒冷地の山村では熱帯性のゴマが育ちにくいため、現在も信州、東北地方などでエゴマの栽培が続いている。特に福島県は全国一のエゴマ産地。ところが、二〇一一年の東日本大震災によって大きな打撃を受けた。現地で栽培しづらい状況となったエゴマを全国各地で生産し、福島へ送るという復興支援プロジェクトがＮＰＯによって始められ、岡山でも当時美作市でエゴマ栽培が行われた。現在は、わずかであるが、美咲町などで栽培、製品化されているようだ。

　エゴマは東北地方では「じゅうねん」と呼ばれるが、それはエゴマを食すると十年長生きするからだとか。たしかにその種子にα—リノレン酸という健康によい油が六〇パーセント以上も含まれる優れた食品である。現代の日本人に不足しがちなα—リノレン酸が補えると、エゴマへの注目度は高まっている。

エゴマの種子

トウガン

　何年か前、菜園でトウガンの栽培を試みたことがある。とても丈夫で作り易い作物で、放っておいても蔓を枝分かれさせながらどんどん伸びてゆき、やがて濃緑の葉陰にやや大きな黄色い花を平開させた。雌花の基部がスイカのようにふくらんできて長楕円形の果実となり、あちらにゴロリ、こちらにゴロリと日光をいっぱいに吸収してどっしりと育った。ゆうに五キロを超えるものがあり、植物の自ら育つ力に感嘆したものである。

　トウガンの原産地はインドから東南

アジアとされる。中国へは古くから伝えられており『斉民要術』に、その栽培法が記されている。わが国へは平安時代には中国から渡来しており、同時代の『倭名類聚抄』に「冬瓜…和名加毛宇利《かもうり》」とある。加毛とは毛氈のことで、幼果が産毛で覆われているところから名づけられたものであろう。京都や北陸、九州の一部では、今でも古名のカモウリの呼称が残っている。

　トウガンは、漢名「冬瓜」の音読みトウガが訛ったものである。夏野菜の熱帯植物が「冬瓜」とは妙であるが、収穫後上手に保存すれば翌年の二、三月までもち、ウリ類の少ない冬の貴重な食材となっていたからであろう。

トウガンの花

トウガン

江戸時代の『農業全書』によれば、「また一種ながきあり、諸国に多し。京ハ長きハなし」とあり、長果と丸果のあったこと、栽培が全国に広がっていたことがわかる。栽培法はキュウリと変わらないと記されているが、収穫の時期については「冬瓜ハふとく成たりとも未だ白き粉を生ざるをバとるべからず」とある。若い果実についている産毛がなくなり、代わって白いロウ物質に覆われると完熟で、収穫の目安となる。冬までもたせるには完熟でなければならず、同書も早く捥いだものは腐りやすいと述べている。

『農業全書』には食べ方も記されており「塩味噌の類に漬、又ハ干瓢のごとくにしても夕がほにおとらず、殊に性よきものなり」と保存食として重宝されたことや、「に物あへまぜ等に用て歯もろく味よし」と、良い食材であったことがわかる。

トウガンの果肉は厚く、まっ白で柔らかい。素材の味が淡白なので、それを生かした調理法が工夫できる。一般的には汁の実や煮物にするが、煮含めて葛あんかけにするのが最もおいしい。皮を厚めにむき、中の種子をとって切ったものを煮含めていくと半透明になってくる。これに葛をひいて冷たくしたものはいかにも涼しげで美しい夏料理。また冬に熱いあんかけ煮にして食すのも身体が暖まって良い。中国料理にもよく用いられるが、有名なのは広東料理の「冬瓜盅」。トウガンの果肉をくり抜いて中に具とスープを入れて丸ごと蒸す料理である。淡白で旨味がよく引き出される。

トウガンのあんかけ煮

トウガンの生産高日本一は沖縄県。方言名でシブイと呼ばれ、戦前はそれ一つを頭に載せて売り歩く姿も見られたという沖縄野菜の代表の一つである。いろいろな料理に用いられる他、伝統的な菓子にも作られている。その銘菓「冬瓜漬」はトウガンを長方形に切り分けて甘く煮詰め、表面に砂糖をまぶしたものであるが、その食感と噛みしめた時にじわりと沁み出す甘露の味は何とも言えない。大切にしてほしい沖縄の味である。

ところで瀬戸内市牛窓は、トウガンの出荷高では沖縄、愛知に次ぐ有数の産地である。この地は古くからカボチャ、スイカなどウリ科植物の栽培が盛んなところであったので、トウガンの導入と栽培は比較的容易であり、栽培面積、生産量共に伸びていった。今、地元では「日本一の冬瓜産地」を目指して頑張っていると聞いている。

トウガンは果肉の九五パーセント以

上が水分なのでカロリーが低く、カリウムが豊富なことから利尿作用にすぐれている。またビタミンCも含まれているので、美容、健康食品としてうってつけである。だから若い女性などは特に好むかと思われるのだが、かつて自家産のトウガンを裾分けした時の反応はいま一つであった。食べ方を知らない人も多いようだった。

檀一雄は『わが百味真髄』で「あっさりしすぎて、若い者にはまことに頼りない食べもの…ふしぎに中年になるとこの淡白さにひかれる」と言っているが、若い人へのPRがもう少し必要なのかもしれない。

メロン

かつてメロンは、贈答用の最高級果物。果物屋の奥の棚の上段に鎮座している様は、威厳すら感じさせるものであった。

メロンはウリ類の仲間で、その原種はアフリカのニジェール川沿いのギニアが原産地とされ、栽培もここで始まったといわれている。ここから古代エジプトを経て、東西に広まっていった。西はヨーロッパ各地に広まり、中世以降栽培が盛んになって多くの品種が生まれた。イギリスへは十六世紀に伝えられ、網目のあるメロンが温室栽培の品種として確立した。

一方、東方へは中央アジアから中国へ伝わって東洋の気候に適したマクワウリが分化した。わが国へも朝鮮を経由して早い時期に渡来したようで、各地の弥生遺跡からマクワウリ類の炭化種子が出土している。『万葉集』巻五の山上憶良の有名な「子等を思ふ歌」の中に「瓜食めば子ども思ほゆ…」とあるのもマクワウリであり、このころにはかなり普及していたと思われる。

古い時代は「瓜」といえばマクワウリのことであったが、その後いろいろなウリが栽培されるようになり、それらと区別して各地に独特のマクワウリの地方名が生まれた。江戸時代の『物類称呼』には「甜瓜　まくはうり。西国にてあじうり。奥の仙台にて　でうり。佐渡にて　ちんめうと云。…」などと多くの呼び名が紹介されている。

明治時代になると、ヨーロッパからイギリス系の網目のある温室メロンが導入された。はじめ新宿御苑の温室で試作され、そこから三井家、岩崎家など一部の富裕層の邸内の温室で栽培が始まって、賓客たちに振る舞われたという。気候の異なる日本での栽培は、ガラス室での慎重な温度管理と難しい栽培技術を必要とし、多額の経費がかかった。その珍しい網目模様の美しさに、果肉の芳香ととろけるような舌ざわりや甘さが相まって、いかにも「果物の王様」と呼ばれるにふさわしいものであった。

贈答用、高級料理店用としての需要から温室メロンの栽培は次第に広がり、大正末期には静岡県や山形県などが産地となった。

高価な温室メロンに対して、大衆的なメロンとしてはマクワウリが古代以来戦後しばらくまで生産の中心であった。しかし、昭和三十七年にマクワウリとフランス系メロンとを交配して生まれたプリンスメロンが出てからは、それが一挙に人気を博し、従来のマクワウリを駆逐してしまった。

甘味と芳香のあるプリンスメロンは、最盛期にはメロン生産総量の七〇パーセントにも及んだが、やがて生活程度の向上とともに高級な温室メロンの増加へと推移していくことになり、温室メロンの産地も増えていった。

「足守メロン」で知られる岡山市足

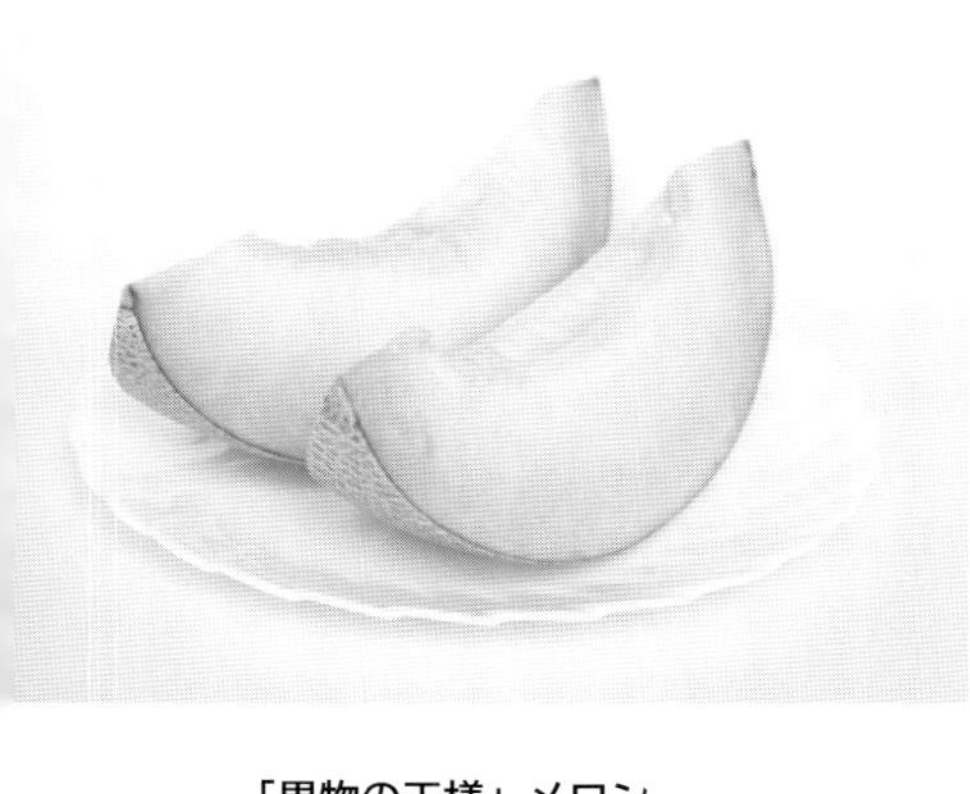
「果物の王様」メロン

温室メロン栽培

守の温室メロン栽培の始まりは昭和初年ごろである。ちょうど岡山県では温室ブドウの栽培が盛んになった頃で、マスカットの間作として栽培されていた。皮肉にも間作のメロンの方がマスカットより収益があり、昭和二十六、七年ごろからメロン専用の温室が増えはじめて、昭和三十年代後半の全盛期には栽培農家一〇〇戸を数えるまでになった。一戸当りの耕地面積の少ない中山間地にとって単位面積当りの収益率の高いメロン栽培は魅力のあるものといえた。

一時は静岡県、茨城県に次ぐ西日本一の産地とまでいわれたが、高度経済成長期を境に栽培農家戸数は減少しはじめた。工業化に伴う農業の担い手の流出が始まったからである。さらに近年、品種の改良とビニールトンネルなどによる平地での露地栽培が可能になり、各地で安価なメロンが大量に出荷されるようになったことも減少に拍車をかけた。

足守のメロンは日照量を十分確保できるよう設計されたスリークォーター型温室で、上げ床による栽培が行われている。地面から隔離することで細心の水管理が可能となり、それが果実の表面の細かい網模様の創出につながる上、香りも甘味も増すという。メロンの求める水分量は個体によってそれぞれ違うので、一本一本葉のしおれ具合

毎年10月に行われる「足守メロン祭り」

や実の状態、株元の乾き具合を見ながら一日数回水やりをする。こうして手塩にかけて作った「足守メロン」はまさに芸術品。蓄積された技術の上にその熱意で最高級の品質を目指し、大衆メロンとは一線を画す路線を進んでほしいと思う。

　毎年十月に開催される「足守メロン祭り」では、メロンの試食、即売をはじめ、多くのイベントが行われるなど、地域をあげて足守メロンを盛り立てている。

ヒラタケ

　今から四十年ほど前、私の勤務していた高等学校が創設されて間もないころのことである。造成されたばかりの殺風景な校庭の周辺に、各方面から寄贈された樹木が植えられた。その中に一本の大きなヤナギの木があったが、植え傷みしたのかやがて枯れ、ひと抱えもある切り株だけが残った。ある秋の日、体育の先生がその株に群生したキノコを発見した。それは傘の直径十数センチもある見事なヒラタケであった。山奥ならともかく、街中の、しかも毎日生徒たちが駆け回る運動場のそばにヒラタケが生えるとは、誰も思いもしなかったことである。早速それを採取し、皆で分配して舌鼓を打った。中には、街の飲み屋に持って行って喜ばれた先生もあったとか。

ヒラタケは、翌年も、翌々年もたくさん生えて皆を喜ばせたが、次の年、事情を知らない造園業者がその古株を掘り上げてしまった。秋を楽しみにしていた先生たちがどれほど落胆したかは言うまでもない。

ヒラタケは普通、山の広葉樹の枯れ木、切り株、倒木などに重なり合うように群生する。傘は扇形や貝殻形で五～一五センチ、はじめは青黒色で、成熟につれて淡褐色となる。柄は短く中心部から端に寄っている。

ヒラタケとよく似ていて間違いやすいものに有毒キノコのツキヨタケがある。ツキヨタケは、ひだと柄の境に隆起帯があり、柄を裂くと内部に黒いしみがある。そして名の通り発光性があり、暗い所で青白く光る。

私の友人は、かつて大山に登った時、ブナ林の枯木に群生するヒラタケを見つけて大喜びで採取した。ところが帰りにふと立ち寄った露店で売っているヒラタケを見ると少し違うように思える。そこで地元の人に採取したキノコを見せると、ツキヨタケだと教えられた。友人が家に持ち帰って夜の暗がりで見たところ、傘の裏がぼうっと青白く光っており、胆をつぶしたという。

ヒラタケは古くから食用とされていた。またツキヨタケも古くから知られていたようで、平安時代の『今昔物語』には、ともによく登場している。その中の一つ「金峰山の別当毒茸を食ひて酔はざる語《こと》」は、次期別当をねらう僧が、老齢の別当にワタリ（ツキヨタケ）を食べさせて毒殺しようと計画する話。別当を招き、ワタリを調理してヒラタケと偽って勧めたまではよかったが、老別当はワタリにあたらない体質で、「こんなおいしいワタリは食べたことがない」とけろりとして言い、悪だくみを見抜かれた僧は恐れ入ってしまう。

群生するヒラタケ

同じ『今昔物語』に「信濃守藤原陳忠御坂に落入る語」がある。信濃国司の陳忠が任期を終えて帰京する途中、御坂峠で馬もろとも深い谷底へ転落した。家来たちが絶望的な思いで谷底を見下ろしていると、谷底から「旅籠に縄を長くつけて下ろせ」と声がする。やれ無事であったと喜んだ家来たちが籠を下ろし、合図を待って引き上げるとやけに軽い。何と籠に陳忠の姿はなく、代わりにヒラタケがいっぱい入っていた。二度目に下ろした籠に、片手にヒラタケを抱え、片手で縄をつかんだ本人がようやく乗って上がってきた。そして言うことには、「途中で木の枝にひっかかって助かった。ふと見るとその木に平茸が密生していた。まだ取り残しがたくさんある。大損をした」。九死に一生を得ながらヒラタケを惜しがる陳忠の強欲さに家来たちがあきれると「受領は倒れた所の土でもつかむもの」と言うので、在任中はさぞかしと想像されたという話。当時の地方官の貪欲さを語るものだが、ヒラタケがいかに美味であったかもうかがえる。

今日、ヒラタケはおがくず培地による菌床栽培が盛んになり、周年市場に出回るようになった。岡山県でも、赤磐市や玉野市などで、県産の培地を用いた栽培が行われている。ヒラタケは植えてから六十日という短期間でキノコを発生するので生産効率がよい。その上、使い済みの菌床を畑に捨てておいても新しいヒラタケが生えてくるほど生命力が強いので、栽培しやすいという利点もある。

実はヒラタケの栽培化は、昭和初期に倉敷の大原農業研究所の研究と地元の努力によって岡山県南部から始まり、以来全国に普及したといわれる。こう聞くと、陳忠ほどではないが元来ヒラタケ好きの私、ますますヒラタケに愛着がわいてくる。

イネ

日本人にとって主食の米、すなわちイネ（ジャポニカ種）は最も大切な作物。その原産地は中国の長江中下流域といわれる。栽培化もこの地域で始まったようで、約八〇〇〇年前の水田遺跡が発掘されている。

わが国への伝播は縄文晩期で、福岡県板付遺跡や佐賀県菜畑遺跡から水田の遺跡が出土している。ちょうど漢民族の勢力が東方へ伸びていたこの時期に、大陸から多くの人々が九州に渡来して稲作を伝えたと考えられる。岡山の津島江道遺跡からも縄文晩期の水田跡が見つかっており、九州に始まった稲作は短期間のうちに広まっていったようである。

この水田稲作は、それまでの狩猟、漁労の生活を変化させただけでなく、大きな社会変革をもたらすことになった。水田の造成や水路の開削などの共同作業のためのムラの形成、支配者の出現、祭祀用の青銅器の使用や鉄製刃先の農具の普及など、いわゆる弥生文化の時代が始まったのである。

水田稲作によって生産が高まると、人々の生活が安定する一方で貧富の差と階級の別が生まれた。土地は富を生み出す財産とみなされ、強い権力者に率いられて土地をめぐる抗争が繰り返されながら、次第に周辺のムラを統合してクニと呼ばれる政治的まとまりが作られていった。それらはやがて大和政権によって統一されてゆくのであるが、稲作は日本の古代国家形成の重要なファクターだったのである。

以来、水田稲作は日本の基幹産業として重要な位置を占め、生産力向上のための稲作技術は時代とともに改善、発達の歴史を刻んできた。

とはいえ、ふり返ってみると、私の子どもの頃の米作りは、江戸時代の農業絵図の作業風景とほとんど変わっていなかったように思われる。稲作は何しろ人力頼みで人手が必要。子どもも含めた家族労働に支えられ、私も小さ

田植えの終わった水田

夏の青田

い時から昔ながらの農作業を仕込まれたのである。

春に苗床を塗り固めて籾を播き、苗の成長に合わせるように田ごしらえ。牛に鋤を引かせて馬鍬で代掻きする。これらの作業は中学生なら当然のこととして手伝った。

梅雨に入る頃、学校は農繁休暇となり、小さい子どもも皆家の手伝いに明け暮れたものである。田植えは家族総出、それに近所の人も加わって大勢で手植えするのであるが、はるか向うの畔まで植え終わるのにどれほどの時間がかかるのかと、子どもには気の遠くなる思いであった。屈む作業のため腰は痛くなるし、冬作物のムギの切り株が泥中に混じっていて手足に刺さって傷つくし、ヒルが泳いで足元に血を吸いに寄ってくるのも気持ち悪い。日が照れば水面の反射で暑く、雨が降れば蓑、笠を付けてうっとうしい。まさに三重苦、四重苦の泣きたくなる田植えであったが、時には皆をなごませるような面白い話をしてくれる大人もおり、共同作業の良さを子ども心に感じた。

田植えが終わると「代みて」のご馳走に近所の人共々一息つき、日ごとに伸びる一面の青田に心洗われる気がしたものである。

夏の土用前後からはイネの管理作業が忙しくなる。先ずは炎天下の除草と施肥。厩肥は天秤棒にかついだ前後の目籠いっぱいに入れたものを手づかみでイネの株間に入れていく。肩に重さがくい込み、足は泥にとられて水中に倒れそうになったことも。ある時は厩肥の中に巣くっていた蟻の群が汗まみれの体中を這い回り、咬みつかれて大変なことになった。金属製の重い加圧式噴霧器を背に負って殺虫剤を散布するのも夏の作業であった。

厳しい季節が過ぎ、やがて秋になるといよいよ収穫期。澄んだ青空のもと、重く稔った稲穂を揺らしながらのイネ刈りは、爽やかで気持ちのよいものであった。

時には台風が襲来して、収穫を前に被害を受けることもあり、不稔となった軽いイネを刈る無念さも経験した。

脱穀、籾摺りがすむと、今年の米作りの作業はひとまず終了。こうして収

重く稔った稲穂

穫した米が向う一年間の一家の生活を支える基盤であることを思うと、不思議な充実感があった。籾摺り機から出てくる米は、輝く宝石のように見えて、今までの苛酷な作業の苦労も消えていく気がしたものである。

現在は田植えも防除も収穫も機械による自動化が進み、農村もすっかり様変わりしてしまった。今の農家の子ども達には、私の子どもの頃の話など想像もつかないであろう。時代が大きく移って国際経済の中で米の自由化が問題となっている昨今、これからの稲作がどう変わっていくかわからない。けれども私はわが家の米によって成長し、過酷な重労働の農作業によって心身ともに鍛えられたと思っている。

ショウガ

風邪の季節、私はちょっと危いなと思ったらショウガ湯を飲む。すりおろしたショウガに熱湯を注ぎ、ハチミツを加えたもの。体が芯からぽかぽか温まって、隅々まで血が巡る気がする。熱い紅茶や甘酒にたっぷりのおろしショウガを入れることもある。

ショウガは熱帯アジア原産といわれるが、中国ではすでに『論語』（BC五世紀）に、常に食するのがよいとの記述がみえており、栽培が始まっていたことが知られる。

わが国への渡来も古く、三世紀の『魏志倭人伝』に「薑、橘、椒、蘘荷有る…」と記された「薑」がショウガである。平安時代の『倭名類聚抄』には「薑、和名久禮乃波之加美」とみえているが、ハジカミはサンショウの古名であり、クレノハジカミは「呉の国から来たサンショウのように辛いもの」の意で、中国からの渡来を示唆しているようである。

李時珍は『本草綱目』で、古説を引用して「薑」は「彊」に通じ、境を作って百邪を防ぐものであると述べているが、こうした中国の思想の影響であろうか、わが国でもショウガには除魔の力があると信じられていたようである。『今昔物語』には、病気平癒の祈祷の供え物として、米や餅などと共にショウガが用いられた話がみえている。

江戸時代になると、江戸の芝大神宮をはじめ、各地の神社で九～十月の新ショウガの出回る時期に魔除けのショウガ市が開かれるようになり、今日に続いている。また、山行にはショウガ一片を口に含んでおくと邪気を払うともいわれた。

実際、ショウガは「百邪を防ぐ」とまではいかなくても、その辛み成分に殺菌作用があり、刺し身や寿司などの

掘り上げたショウガ

生ものや魚料理には欠かせない。さらに、『和漢三才図会』に「風邪を除き、咳嗽《せき》、嘔吐を止める。痰を取り去り、気を下し、胃の気を開く」とあるように、薬用として重視され、現在もさまざまな民間療法に利用されている。

ショウガは、栽培法や利用部位によって、芽ショウガ、葉ショウガ、根ショウガに分けられる。芽ショウガは温床内に伏せこんで軟化栽培した若い芽を収穫したもの、葉ショウガは本年肥大し始めた塊茎に葉をつけたまま収穫したもの、根ショウガは充分に肥大して成熟した塊茎のみを秋に収穫したものである。このうち収穫してすぐに出荷するものが新ショウガ、貯蔵しておいて順次出荷するものが土ショウガである。

岡山県の根ショウガの産地として知られるのは倉敷市福田地区と津山市東部地区。福田地区は高梁川の湿潤な土壌が乾燥に弱いショウガに適している。加温ハウス、無加温ハウス、露地での栽培に取り組んでおり、六月から十一月にかけて収穫したショウガはその都度新ショウガとして出荷している。軟らかくてマイルドな辛味が特徴。淡黄色の塊茎に生え際の部分の紅色が美しい。

また、津山市東部のショウガ産地は、昭和五十二年から水田転作事業として始まった。現在栽培総面積約三ヘクタール余、約三〇戸の農家が栽培している。種ショウガの植え付けは四月中、下旬。収穫は十月下旬から十一月上旬にかけてである。掘り上げたショウガは、茎を切り落とし、根を取って水洗し、農協の常温貯蔵庫に運び込む。これを「土ショウガ」「囲いショウガ」として来年の収穫時期まで県内外に周年出荷している。保存しておいたものは繊維が多く辛味が強くなる。

ショウガ栽培で最も手間がかかるのは、六月から九月にかけての草取り。それでも作業中に衣服がショウガの葉に触れただけで、爽快な香りが立ちのぼり、清々しい気分になるという。

わが家でも庭に自家用のショウガを

葉も爽やかな香り

わずかばかり作っているが、三つの楽しみがあると感じている。第一はやはりショウガのそばを通る時の爽やかな香り。思わず深呼吸をしてしまう。第二は掘り上げた時の株元の色。自然の作り出す配色の妙に感激の一瞬である。第三は言うまでもなくその味わい。掘りたてを甘酢に漬けたものなど格別である。

しかし、ショウガが本領を発揮するのは、何と言っても寒い時期ではないだろうか。薬効すぐれたショウガをしっかり食卓にのせて、冬を元気にのりきりたいものである。

珍しいショウガの花

冬

ナシ

　年末、県外の知人に愛宕ナシを送ったところ、たいそう喜ばれ、「あんな大きな梨でしたが、妻と二人でペロリと食べてしまいました。大きいのに味がつまっている感じで、こんなおいしいナシは初めてでした。」と礼状をもらった。愛宕ナシは岡山県を代表するナシで、岡山市西大寺地区を中心に栽培され、全国生産の約四〇パーセントを占めている。その特徴は平均一キロほどにもなる大きさと、シャキシャキしたみずみずしい食感で甘味に優れているということ。さらに貯蔵性が良く、十二月中頃から翌年二月頃まで美味しく食べることができるのもよい。そのため、歳暮用の商品として人気が高い。

　ナシは大きく分けると、和ナシ、中国ナシ、洋ナシの三種類があり、わが国では和ナシを中心に全国で栽培されている。その中で最も大きいのが和ナシの一つ愛宕ナシ。このナシを岡山県の名産品になるまでに育て上げたのは、岡山の県民性ともいわれる根気強さであった。愛宕ナシは大正四年に東京の玉川果樹園で「二十世紀」と「今村秋」との自然交配で生まれたものといわれ、昭和十八〜二十年頃にかけて

お歳暮の人気商品

県内に導入された。栽培が難しく、当初は変形果が多くてあまり期待がもてなかったというが、大多羅の篤農家がこの晩生種のナシの大果化と高品質化をめざした。そして昭和三十四年から試行錯誤を重ねること十五年、ついに一～一・五キロにもなる超大果で、きめ細かく甘い優品が得られる栽培・管理法を確立したのである。

　岡山特産のナシといえば、珍しい中国ナシの鴨ナシ（ヤーリー）も西大寺雄神地区で大正期から栽培されており、生産量は全国一である。果実の形が鴨が首をすくめた形に似ているところからその名がついたとされ、独特の香りと甘酸っぱさが特徴。その香りの良さは、ヤーリーを部屋に置いておくと芳香剤の代わりになるといわれるほどで、「香り梨」とも呼ばれている。

ナシは古くから食用とされ、弥生時代の登呂遺跡からは種子が発見されている。

文献では『日本書紀』持統天皇七年(六九二)三月の条に「詔して天下をして桑、紵、梨、栗、蕪菁等の草木を勧め植え以て五穀を助けしむ」とみえているから、七世紀には重要な果樹として栽培されていたことがうかがえる。平安時代の『延喜式』によれば、宮中の園地に一〇〇株のナシを植栽した。

江戸時代になると野生のヤマナシをもとに多くの品種が生まれ、各地に産地が形成された。『江戸名所図会』(天保五年、一八三四)には、江戸近郊の真間、八幡付近の棚栽培の梨園を描いた絵が載せられている。棚栽培の技法は日本独自のもので、江戸時代のはじめに三河地方で考案されたといわれる。ナシは自然状態では立ち上がって高木となるが、技を低く水平に伸ばすことにより、台風の被害が少なくなり、枝葉にまんべんなく陽が当たることによって着果数が増え、味も良くなる。その上、収穫、せん定などの作業も楽にできるという優れた技法である。

江戸時代の産地の中でも、上州前橋は栽培技術と品種において中心地となっていた。その礎を築いたのが

棚栽培のナシの花

上州のナシ栽培技術の先覚者、関口長左衛門であるが、彼は岡山のナシ栽培普及にも深く関わっていた。備中足守藩主木下利恭は、耕地の少ない藩の民生の安定と財政たて直しの一環としてナシ栽培を着想し、万延元年(一八六〇)、関口長左衛門を上州より招いて栽培技術の指導を仰いだ。三年後には前橋藩に三人の研

修生を派遣し、研修を終えた彼らが譲り受けて持ち帰った苗木を元に、たくさんの子苗木を作って藩内五カ村に配布植栽させた。これが岡山のナシ栽培普及のさきがけとなるのである。足守には、今も目通り二メートルを越すような藩政時代の古木が残っている。

明治期廃藩後もナシの栽培は県下各地に広まって、岡山の主要果樹となったばかりでなく、このナシは鳥取県にも、もたらされた。それは、後の鳥取二十世紀ナシ栽培の下地となったかもしれない。そして、ナシの栽培が端緒となってモモ、ブドウなど果物王国岡山の果樹栽培の発展につながったのである。

ナシは昔から薬用としても利用されてきた。いろいろの薬効があるが、『本草綱目』に「梨は利で、その性は冷利なり」とあるように、ことに解熱作用が知られている。子どもの頃、熱を出

足守藩政時代の古木

して寝込んだ時、母が剥いてくれた水のしたたるようなまっ白なナシを食べると、うそのように熱が下がって楽になった記憶がある。風邪で熱っぽい時など、今も母のナシを懐しく思い出す。

コマツナ

　今、どこのスーパーの野菜売り場を見てもコマツナの並んでいない所はない。しかし、岡山で普通に見かけるようになったのは、昭和五十年ごろからではないかと思う。私の子ども時代にはもちろん見たことがなかったし、妻は若いころ「料理本にコマツナを使って…とよく出てくるけれど、岡山では売ってない」と不思議に思っていたそうだ。

　コマツナの祖先種はカブといわれている。たしかにその葉の形は、カブの葉をそのまま小さくしたような長楕円形で長い葉柄をもっている。寒さに比較的強い性質もカブによく似ている。

　カブの交雑種と思われる小ぶりの菜は、はじめ「葛西菜」と呼ばれ、江戸近郊の葛飾郡小松川村あたりで栽培されていた。『続江戸砂子』（享保二十年、一七三五）には次の記事がある。「葛西菜、かさひは…江府より二里三里ひがし也。此所の菘《な》いたってやはらかに、天然と甘みあり。他国になき嘉品なり。

或人菜好んで諸州の菘を食ふ。京東寺の水菜・大阪天王寺菜・江州日野菜など食くらぶるに、葛西菜にまされるはなしといへり…」と。

冬も緑鮮やかなコマツナ

葛西菜がいつから「小松菜」と呼ばれるようになったのかははっきりしないが、小松川村に伝わる話によると、鷹狩りに来た八代将軍徳川吉宗が、御膳所の家で出された雑煮の味をいたく気に入り、汁の実の青菜の名を尋ねた。特に名はないと答えたところ、「それなら小松川の名をとって小松菜とせよ」と命名したという。

少し時代が下った『新編武蔵風土記稿』（文化七年、一八一〇）には「菘、東葛西小松川辺の産を佳品とす。世に小松菘と称せり」とある。また小林一茶の文政二年（一八一九）の句に、

小松菜の一文束や今朝の雪

とあり、小松菜の名が定着していったことがうかがえる。

江戸っ子は冬も緑鮮やかなコマツナを、めでたい常盤の松にあやかって正月の雑煮に入れ、雑煮菜とも呼んだ。これが今日の東京風の雑煮の源流となっている。

コマツナは江戸時代からずっと首都近郊の地方野菜として代々栽培されてきたが、昭和五十年代に全国に普及していった。それは消費者側のニーズと生産農家のメリットがうまくかみ合ったからであろう。消費者ニーズの背景には、人々の健康志向が高まり、栄養豊富な野菜としてコマツナの知名度が上がったことがある。コマツナにはカルシウム、鉄、カロチン、ビタミンA、Cが多く含まれる。特にカルシウムはホウレンソウの四倍といわれ、日本人に不足気味な栄養素の補給にうってつけ。ホウレンソウ好きのポパイも脱帽の優れものである。育ち盛りの子どもや骨粗鬆症が不安な中高年には欠かせない。

また、コマツナの長所はアクが少ないこと。ホウレンソウのように下茹での必要がないので、素材の持ち味を生かした調理がしやすい。和え物、炒め物、汁物の実、漬け物などさまざまな料理に用いられる。ことに油揚げとの煮びたしはお惣菜の定番となっている。

一方、農家にとってはコマツナは収穫、調整、出荷の容易な作物といえる。

コマツナの栽培

葉柄が立ち上がるので収穫の際、葉の絡みによる折れの心配が少なく、調整のとき簡単に根株を切り落として結束することができる。又、草丈二〇センチほどの葉数の少ない、軽量の野菜なので出荷に労力がかからない。さらに、コマツナは播種から収穫まで平均約三十日間と、栽培のサイクルが短いという利点がある。元来十二〜二月に出荷する冬野菜であるが、品種の改良が進んで耐暑性の強いものが作出されているので、季節に合った品種を選び、ハウス栽培と組み合わせれば周年出荷が可能。コマツナを年に何回も収穫、出荷すれば田畑をフルに活用することができ、高い収益性が期待できる。

こうしたことから、地方野菜であったコマツナは各地に広まり、全国的にみても生産は増加傾向にある。岡山県でも例外ではなく、最近では脱サラした新規農業参入者の間でもコマツナの栽培は盛んで、市場はもとより、量販店、病院、弁当仕出会社などへの出荷を拡大している。

かつて「コマツナを使って…」をホウレンソウで代用していたという妻も、今や青菜といえばコマツナの出番が一番多くなったと言う。

レモン

わが家の庭の一本のレモンの木。数年前の父の日に子ども達がプレゼントしてくれた鉢植えを地におろしたが、毎年いくつもの実が付いて美しく色づく。紡錘形の独特の形も、明るいレモンイエローの色もすがすがしくて、眺めるだけでも心癒やされるようである。

レモンの原産地は、インド北東部のヒマラヤ山系といわれる。十世紀ごろ中東に伝わり、十一〜十二世紀に地中海沿岸諸国にもたらされて、シチリア島、コルシカ島などで栽培が盛んになった。アメリカへは十五世紀コロンブスの新大陸発見後に伝えられ、カリフォルニアが世界最大の産地に成長した。主産地のコーチェラバレーは太陽がいっぱいの乾燥地帯で、水と肥料にさえ気をつければ病気害虫の心配がほとんどないところである。

わが国へは、明治になってアメリカから導入された。レモンは日本では冬の低温と成長期の多雨による障害を受けやすいため栽培適地の条件に合う所は限られており、冬温暖で夏に雨の少ない瀬戸内海地域での生産量が漸増していった。やがて広島県瀬戸田町の生口島は日本一の産地となる。

しかし、昭和三十九年の輸入自由化でアメリカから大量のレモンが低価

レモンの花と実

格で入るようになり、大きな打撃を受けて生産は激減した。その後、輸入レモンの防カビ剤が問題となり、国産レモンの安全性が見直されるようになって、一時は壊滅状態に落ち込んでいた瀬戸田のレモンは蘇った。

何年か前に早春の生口島を訪ねたことがあるが、レモンの木々は高さ二〜三メートルくらいの球状にこんもり茂って樹林を形成しており、どの木にもみずみずしい果実が鈴成りになっていた。レモンは柑橘類の中では最も豊産で、一本の成木に千個以上も実る。内側は白色、裏側は薄紫色の五弁の花は、初夏に芳香とともに開き、その後も次つぎと絶えることなく開花結実してゆく。そのため、一本の枝に黄色い実と、青い小さな実と花が同時に付いているというものもあった。

この先進地瀬戸田町に倣って、平成十七年以降、岡山県でも瀬戸内市で国産レモンの産地形成が進められている。現在の栽培面積は約七ヘクタール、年間生産量は約三〇トンであるが、食の安全性が問われる昨今、だんだん増加傾向にあり、今後に期待がかかっている。ただ、国産レモン栽培の大敵は冬の寒さ。瀬戸田でも寒波と戦ってきた歴史がある。無加温ハウス栽培などの寒波対策で、岡山産レモンがふんだんに、できれば周年、市場に出回るようになってほしいものである。

輸入レモンに対する国産の優位性の第一は低農薬で安全なこと、第二は何といっても新鮮なこと、第三は輸送の省エネで地球環境に優しいことである。少々の代価を払っても鮮度と安全性を求めるのがこれからの消費社会の動向と思われる。

香り立つレモン

レモンの魅力は、きりっとした強い酸味と爽やかな香り、ビタミンCたっぷりのヘルシーフルーツというところであろう。実際、レモンは風邪の予防や疲労回復に役立つが、大航海時代には長い船旅で乗組員がビタミンC不足から壊血病にならないように、レモンを積み込んでいた。

レモンはそのまま生食するには酸味が強すぎて適さないが、菓子、清涼飲料、料理の香りづけ等用途が非常に広く、今や口にしない日はないほどである。

レモンの香り成分は果皮のレモン油に含まれる。高村光太郎は『レモン哀歌』の詩でこの香りを

私の手からとった一つのレモンを
あなたのきれいな歯がガリリと噛んだ
トパァズいろの香気が立つ…

と詠んでいる。

また、梶井基次郎は小説『檸檬』で、青春の不安とそれからの解放への願望をレモンによって象徴的に描いている。得体の知れないうつうつした気持ちに悩まされていた「私」は、街の果物屋でレモンを買う。するとそれを握った瞬間から憂うつが紛れ、幸福な気持ちになっていく。さらに、その香りを胸一杯に吸い込むと「身内に元気が目覚めてきた」とある。レモンの香りにはストレス緩和、リフレッシュ効果が知られるが、「私」の憂うつな気持ちもこれによって解れてきたのだろう。

心の癒しが求められる今の時代、「ガリリと噛ん」でも安心な国産レモンはうれしい。

ブロッコリー

知人で朝食に必ずブロッコリーを添えるという人がある。動脈硬化や発ガンの予防のために毎日摂るとよいと聞

いて実行しているそうだ。

昨今、栄養価の高い緑黄色野菜として注目されているブロッコリー。カロ

ブロッコリースプラウト

チン、ビタミンCが豊富で、クロム、カリウム、鉄などのほか、抗酸化作用やガン抑制作用があるとされるスルフォラファンの含有量も多い。また、調理に手間がかからないということも人気の理由の一つ。小房に分けてさっと茹で、マヨネーズをかけるだけでも一品になる。炒めもの、グラタン、スープの実、和風酢の物など、味や香りにくせがないので、いろいろな料理に使うこともできる。

ブロッコリーの人気は、最近は種子を発芽させた「ブロッコリースプラウト」に向けて高まっている。一九九二年、アメリカの研究者がブロッコリースプラウトに大量のスル

瀬戸内海に臨む久々井のブロッコリー畑

フォラファンが含まれていることを発見。その量はブロッコリー本体の二〇倍だという。種子は発芽する時に、中に貯蔵していた養分を使って自らの成長に必要な物質を作るが、ブロッコリーではその一つが多量のスルフォラファンというわけである。

ブロッコリーの原産地は地中海地域。キャベツの仲間で、花蕾とその下の花梗の部分を食用する。よく似たカリフラワーは、ブロッコリーが突然変異によって

白化したもので、花蕾は未発達のままである。

ブロッコリーは古代ローマ人が好んで食べていたといわれ、イタリアで発達した。しかし、なぜか他のヨーロッパ諸国には普及せず、ようやく十八世紀にイギリスへ、十九世紀にアメリカへと広まった。日本へは、明治時代にカリフラワーとともに渡来。戦前に静岡県でわずかに栽培されたが、実際に栽培が定着するのは戦後の昭和二十五年ごろからで、駐留軍の特需がきっかけとなり、静岡や東京を中心に徐々に広がっていった。しかし、一般家庭に普及するようになったのはカリフラワーよりも遅く、昭和四十年代からである。

岡山県内の産地の一つ岡山市東部の久々井。瀬戸内の海岸線に沿う畑作地帯である。十月初旬にこの地を訪ねると、ブロッコリー畑、キャベツ畑が広がり、あちこちに見受けられる作業中の畑はハクサイ苗の定植ということだった。

ブロッコリー畑は、すでに子どもの拳大の花蕾のついた畑、これから花蕾

ブロッコリーの花蕾

がつきそうな畑、定植後一ヶ月ほどのまだ地肌あらわな畑など、畑模様はさまざまである。

播種は七月中旬から八月末まで数回に分けて行ない、二十日前後の苗を定植する。ブロッコリーは苗つくりが一番大切で、本作を左右する。ポットの中で根が巻くようになったものは手遅れである。

播種をずらせるのは収穫期をずらせるためで、十月中旬から三～四月まで長期にわたって収穫する。こうすることで、労力の均等化と価格の平準化を計ることができる。

久々井では、ブロッコリーの栽培面積は徐々に増える傾向にあるという。一つには近年の健康野菜ブームで需要が増したこと。もう一つは、ダイコン、ハクサイ、キャベツなどの重量級野菜に比べて軽くて高齢者でも扱いやす

花が咲いたブロッコリー

いということである。久々井でも農家の高齢化が進み、農作業にかかる労力は大きな問題となっている。ブロッコリーの定植も暑い時にしゃがみ込んでする作業で過酷なものだったが、最近では二人一組で立ったままで植えつけられる機械が導入され、夫婦で定植作業する農家が多くなった。

久々井の海沿いの畑地は南に海、北に山を負っているので冬も温暖であり、冬野菜のブロッコリーの成長にとって適地である。またこの地は吉井川から流出した土砂が海流に運ばれて堆積した砂地で水はけも良い。有機肥料といっぱいの陽光で育ったブロッコリーの味は格別である。

現在は、アメリカ、中国、メキシコなど外国産ブロッコリーの輸入によって周年出廻るようになったが、花梗が固いなど食感の違いは否めない。収穫から店頭に並ぶまでの日数を思えば仕方ないことであろう。

せっかく栄養豊富な健康野菜、できるだけ地元の新鮮なものを食して、しっかりその成分をいただきたいものである。

シュンギク

寒い時の一番のご馳走は鍋物。それに欠かせない青菜といえばシュンギクがあげられる。独特の香りと歯ざわりが身上。しかも鉄分、カリウム、カルシウム、βカロテンが豊富なので、風邪や高血圧の予防など冬の健康維持にも期待がもてる。

シュンギクの花

シュンギクはキク科。春には草丈五〜六〇センチに達して黄色い頭状花をつける。原産地は地中海沿岸であるが、ヨーロッパでは観賞用の草花として栽培されても、食用とされることはなかった。野菜として利用するのは、中国や日本など東アジアのみである。中国への渡来の時期は明らかでないが、かなり古くから野菜として普及していたようで、宋代の文献に「茼蒿」の名でみえている。おそらく中国ではキクの香りはなじみ深く、好もしいものであったためであろう。

わが国では、江戸時代の『農業全書』に漢名「茼蒿」を記載し、さらに「倭俗かうらい菊と云、又春菊とも云」

と、和名を紹介している。「かうらい菊」は大陸からの渡来を示唆するものであろう。また、「苗の時ひたし物あへ物となして味よし。冬春たびたびにつくり用ゆべし。花も又見るにたへたり。」と食味のよい時期や栽培法を記し、花も鑑賞に値することを述べている。「春菊」の名は、春にキクに似た花を開くところからついたといわれるが、栽培の普及とともに多くの地方名で呼ばれた。江戸時代後期の『重修本草綱目啓蒙』には、カウライギク、ムジンサウ、フダンギク、ルスン、フダンサウ、ロウマ、リウキウギク、ヲランダギクなどが挙げられている。「無尽草」や「不断菊」などは、シュンギクの生育期間が短く、種を播けばいつでも利用できるところからついたのであろうし、リウキウ（琉球）、ルスン（ルソン）、ヲランダ（オランダ）などは、大陸とは別の渡来ルートを示す名である。ロウマ（ローマ）という原産地が名前に残っているのもおもしろい。近年の呼び名はシュンギク、キクナがほとんどであるが、今もムジンソウやロウマ

冬のシュンギク栽培（瀬戸内市）

の名が使われている地方があるらしい。

シュンギクの品種は、葉の大きさや形によって大葉種、中葉種、小葉種の三つに大別される。大葉種はへら形で葉の切れ込みが浅くて少なく、葉肉が厚い。この品種は西日本で多く栽培されている。中葉種は葉の切れ込みが深いもので、関東を中心に最も栽培量が多い。小葉種は葉が小型で切れ込みが細か

おたふく春菊

いが、収量が少ないため栽培は減少しているようだ。

大葉種のうち「おたふく春菊」という品種が中国地方や九州地方に多く作られるが、これは昭和十年代に岡山県の種物屋が大葉シュンギクから選抜固定したものだといわれる。産地の瀬戸内市郊外では、九月上旬に播種し、十月にハウスに移植して十一月下旬から三月まで出荷している。

シュンギクの弱点は鮮度の劣化が早いこと。遠隔地への輸送が困難なので主として大都市近郊で生産されている。こうしたことからも、できれば家庭菜園で作りたい野菜の一つである。

わが家でも「おたふく春菊」をほん

の少し庭植えしているが、冬の間中重宝している。年内の生育旺盛な時は腋芽がたくさん出るので、軸ごと摘み取ってすき焼や水炊きに使う。霜が降りるようになると、成長が緩慢になるので、葉だけ採って汁物の実などにする。春先になると蕾が見え始めるので今度は花を楽しむということになる。

数年前の二月、私は地中海東岸に位置するイスラエルを訪ねた。中北部の丘や草原にはシロガラシやツルボラン、アネモネなどに混じって黄色いシュンギクの花が点々と咲いていた。又、車道沿いののり面に群生するシュンギクの花叢もよく見かけた。イスラエルの南半分は砂漠地帯であるが、その東部、死海のほとりのワジ（涸川）にも一〇センチ丈ほどのギシギシやリナリアの仲間とともに、乾いた太陽の下でシュンギクが咲いていた。こんな荒寥とした砂漠気候の場所でも元気に花をつける適応性の高さに感心することしきりだった。

菜園のシュンギクを見ると原産地イスラエルの深い切れ込みの葉の上に咲いた小ぶりな花が思い出される。長い長い時間と距離を経て今わが家の庭にあるシュンギクにつながっていることを思うと感慨深いものがある。

バナナ

栄養豊富でおいしく、誰からも好かれるバナナは熱帯果実の代表格。原産はマレー半島を中心とする東南アジアといわれ、今もマレー半島やネグロス島の山中には野生種がある。それは、味も香りもよいが、小さい上に、中には種子がいっぱい詰まっている。

有史以前から栽培化され、この過程で種子なしのバナナが出現した。また、交雑によって多くの品種が生まれ、世界中の熱帯地域に広まっていった。伝播のルートは、アジアからインドを経てアフリカへ、そこから最後にアメリカ大陸へ伝わったとされる。

大きく繁ったバナナは「バナナの木」と言われたりするが、バショウ科の大型草本である。木の幹のように見えるのは偽茎で、葉柄の基部が互いに固く

バナナの花序

巻き重なったもの。その偽茎の中心から杓子状の葉が出ると、花序が顔を出し下垂する。蕾は赤紫色の苞に包まれており、苞の反転に伴って順次開花結実していく。房になって段状についた果実は、四ヵ月前後で熟れる。

バナナは季節を問わず開花結実するものであるが、一度実をつけた株は衰弱するので、収穫後、親株は切り倒される。その時すでに株元に新しい芽株が出ており、数ヵ月もすればまたこれが開花結実する。バナナの繁殖は株分けによるものであるから、時期をずらして植えておけば、年中収穫できる。

現在、わが国の店頭で売られているバナナは約九九パーセントが輸入品。輸入の始まりは明治三十六年（一九〇三）からで、日清戦争後植民地化した台湾からのものであった。今やいつでも食べられる身近な果物となったバナナも、第二次大戦後、台湾が独立してから昭和三十八年に輸入自由化されるまでは、めったに口にできない高級品だったのである。

その後、バナナは台湾に代わってフィリピン、エクアドルなどから輸入されるようになった。特にフィリピンのミンダナオ島はバナナ栽培に不都合な台風がないことから、栽培適地として大規模な栽培が行われており、ここからの輸入が大半を占めている。

国産のバナナとして知られるのは、

ハウスの中のバナナ（笠岡市）

沖縄の「島バナナ」。小房の段数が少なめで、丸っぽい実は長さ一二～三センチで小さい。しかし、その風味は絶佳。収量が少なく商品化はあまりされていないが、沖縄では自家用果樹として根強い人気があり、屋敷まわりや畑の隅に植えられている。

若い頃、まだ本土復帰前の沖縄を訪ねたことがあるが、見聞きするものすべてが珍しく鮮烈な印象であった中、島の人からいただいた畑の「島バナナ」の味は忘れることのできないものだった。近年になって何度か沖縄訪問の機会があり、その度に甘酸っぱくこくのある「島バナナ」を味わっては若い日の旅の思い出を反芻している。

「島バナナ」が美味なのは、品種によるだけでなく完熟したものを収穫できるからである。それに対して輸入バナナは青いうちに収穫され、そのまま船積みされて日本の港に陸上げされ、温度管理された室で追熟させるものである。黄色に熟したバナナはミバエがついている可能性があり、検疫上輸入禁止となっているのである。味の点で今一歩であるのは致し方ない。

しかし、最近は味へのこだわりが高まっていると思われる。私もフィリピンを旅した時、現地で食べたバナナの濃厚な味に驚いたものだが、熱帯地方を訪れてバナナ本来の味を知る人が増えたからかもしれない。「甘熱○○」

とか「濃味○○」などと銘打ったものが目を引くのは、こうした需要に応えるものであろう。ただやはり国産バナナには及ばないように思う。

最近、岡山県内では国産完熟バナナの栽培が進んでいる。ハウスによる栽培で、「皮ごと食べられる」高級バナナとして県内デパートをはじめ首都圏へも出荷するようになった。岡山は気候温暖で日照が多いという恵まれた自然条件に加えて、熱帯特有の病害虫がいないため、農薬を使わなくてすむ安心安全なバナナの栽培が可能。これによって、皮を食べてもよいバナナが誕生したのである。生産者は、今後規模を拡大して将来的には日本一のバナナの産地を目指しているという。バナナは果物の中で一世帯当たりの購入量が最も多いそうだが、そんな人気者のバナナが果物王国岡山の特産物の一つに加われば嬉しいことである。

おわりに

『岡山の作物文化誌』は、正・続編に続いて本作で三冊目となりました。岡山ゆかりの作物についてそれぞれの背景にある歴史や文化を尋ね始めてはや二十数年。どの作物も理解が深まるにつれて、ますます愛着が深まってくることは不思議でした。

執筆にあたっては、現地を取材し、農家の方々と話をしてきましたが、いつも感じたのは手塩にかけて育てる作物への眼差しのやさしさと、仕事への誇りでした。忙しい作業中にも手を止めて熱心に説明してくださったり、心よく写真を撮らせてくださったり、そうした方々の多くの善意に支えられての「作物文化誌シリーズ」といえます。皆様に心より感謝しています。

取材を通して過疎化、高齢化、後継者問題など、農村のさまざまな課題にも直面しました。これから農村はどうなっていくのかという不安がよぎったこともありました。しかしその一方で、岡山の伝統野菜を守ろうとする動きがあることや、パクチーやバナナのように若い人たちが新しい感覚で岡山ブランドを立ち上げ、栽培の工夫や販路の開拓に努力していることなどは、頼もしいニュースです。こうした流れは加速していくのでは、と岡山の農業の明日に希望を感じています。

なお出典については、初出にのみ刊行年を付し、原典が漢文の場合は読みくだし文に、または意訳しました。

本書は、連載中の『山陽の農業』（山陽薬品株式会社）の中から集録し、加筆したものです。同社の大森茂会長のご厚情に深謝いたします。

最後に、編集に携わってくださった外山倫子さんには大変お世話になりました。厚くお礼申し上げます。

〈附〉

●岡山文庫239「岡山の作物文化誌」（日本文教）／目次

春
ミツバ、サンショウ、タケノコ、キャベツ、ウド、エンドウ、イチゴ

夏
ジャガイモ、ラッキョウ、スモモ、ハッカ、スイカ、モモ、ヒョウタン

秋
ミョウガ、ブドウ、ハトムギ、サトイモ、アズキ、ダイズ、ヤマノイモ、シイタケ

冬
ミカン、コンニャク、ダイコン、ニンジン、クワイ、ゴボウ、ニラ、カブ

●岡山文庫257「続・岡山の作物文化誌」（日本文教）／目次

春
セリ、ワサビ、ナタネ、セロリ、ケシ、ジョチュウギク、チャ

夏
ビワ、イグサ、ブルーベリー、タバコ、トマト、ゴマ、トウガラシ、イチジク

秋
ナス、クリ、ワタ、サツマイモ、ザクロ、オリーブ、ソバ、カキ

冬
サトウキビ、ユズ、ハクサイ、レンコン、ホウレンソウ、ネギ、ミツマタ

著者略歴

臼井　英治（うすい・えいじ）

岡山県玉野市生まれ。
岡山大学法文学部卒業。兵庫教育大学大学院修了。
元甲南大学教授。
現在、岡山市文化財保護審議会委員

著書　『岡山の和紙』『岡山の作物文化誌』『続・岡山の作物文化誌』（岡山文庫 / 日本文教出版）『植物文化史』（裳華房）、『ふるさと四季の花綴り』（山陽新聞社）
編著　『世界の教育事情ー東アジア篇』（福武教育振興財団）、『特別活動のフロンティア』（晃洋書房）
共著　『岡山の歴史と文化』（福武書店）、『日本史教育に生きる感性と情緒』（教育出版）、『岡山市の地名』（岡山市）、『教職論』（ミネルバ書房）、『教科外教育の理論と実践 Q&A』（ミネルバ書房）

岡山文庫　312　続々・岡山の作物文化誌

平成30（2018）年10月23日　初版発行

著　者　臼　井　英　治
発行者　塩　見　千　秋
印刷所　株式会社三門印刷所

発行所　岡山市北区伊島町一丁目4－23　日本文教出版株式会社
電話岡山(086)252-3175(代)　振替01210－5－4180(〒700-0016)
http://www.n-bun.com/

ISBN978-4-8212-5312-8　＊本書の無断転載を禁じます。

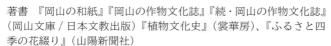

● 岡山県の百科事典
二百万人の **岡山文庫**

○数字は品切れ

1. 岡山の植物・西原礼之助
2. 岡山の祭と踊・神野　力
(3.) 岡山の焼物・桂　又三郎
(4.) 岡山の古墳・鎌木義昌
5. 岡山の民家・鶴藤鹿忠
6. 岡山の文学碑・山本遺太郎
7. 岡山の仏たち・脇田秀太郎
8. 岡山の動物・松本邦夫
9. 岡山の鳥・杉　鮫太郎
10. 大原美術館・藤田慎一郎
11. 岡山後楽園・宗定克則・杉　鮫太郎
12. 岡山歳時記・吉岡三平
13. 岡山の建築・巌津政右衛門
14. 瀬戸内海・緑川洋一
15. 岡山の民芸・外村吉之介
(16.) 吉備路・神野　力
17. 岡山の魚・青木五郎
18. 岡山の昆虫・倉敷昆虫同好会
19. 岡山の城と城址・藤井　駿・市川俊介
(20.) 岡山の果物・三宅忠一
21. 岡山の風物・岡山県広報協会
22. 吉備の女性・吉岡三平
(23.) 岡山の伝説・立石憲利
24. 岡山の酒・小出　巌・西原礼之助
(25.) 岡山の街道・山陽新聞社
26. 岡山の絵画・脇田秀太郎・巌津政右衛門
(27.) 水島臨海工業地帯・平方与平
28. 岡山の旅・岡山県観光連盟
29. 蒜山高原・二若・富国・徳山
30. 岡山の歌謡・英　玲二
(31.) 岡山の遺跡めぐり・間壁忠彦・葭子
(32.) 備前焼・小山冨士夫・藤原　雄・中村昭夫
33. 岡山文学風土記・大岩徳二
(34.) 美作路・小山健三
35. 岡山の俳句・塩尻青笳・島津青沙
36. 岡山音楽夜話・保田太郎
37. 閑谷学校・巌津政右衛門・坂本一夫
38. 岡山の川柳・弓削川柳社
39. 岡山の民話・岡山民話の会
(40.) 岡山の刀剣・小林種次
41. 岡山の短歌・杉　鮫太郎・藤原幾太郎
42. 岡山の医学・中山　沃
43. 岡山の藺草・鈴木尚夫・中村昭夫
(44.) 岡山の人物・黒崎秀明
(45.) 岡山の駅・難波数丸
46. 岡山の現代詩・坂本明子
47. 岡山の交通・藤沢　晋
(48.) 岡山の教育・秋山和夫
(49.) 備中神楽・山根堅一・坂本一夫
50. 岡山の民具・鶴藤鹿忠
(51.) 岡山の宗教・長光徳和
52. 吉備津神社・藤井　駿・坂本一夫
53. 岡山の貨幣・原　三正
(54.) 岡山の古戦場・多和和彦
55. 岡山の石造美術・巌津政右衛門
(56.) 岡山の方言・十河直樹
57. 岡山の歴史・柴田　一
58. 岡山事物起源・吉岡三平
(59.) 高梁川・宗田克巳
(60.) 岡山の干拓・吉岡三平・進　昌三
61. 岡山の電信電話・萩野　秀
62. 吉備高原・宗田克巳
63. 岡山のおもちゃ・吉永義光
64. 吉井川・宗田克巳
65. 岡山の港・巌津政右衛門
66. 岡山の絵馬と扁額・脇田秀太郎
(67.) 旭川・宗田克巳
68. 岡山の温泉・石井　猛・圓堂稔
69. 岡山の県政史・蓬郷　巌
70. 岡山の道しるべ・巌津政右衛門
71. 岡山の笑い話・稲田浩二・和子
72. 美作の歌舞伎芝居・二宮朔山
(73.) 岡山の民間信仰・三浦秀宥
(74.) 岡山の奇人変人・蓬郷　巌
75. 岡山の食習俗・鶴藤鹿忠
76. 岡山の明治洋風建築・中力　昭
77. 山陽路の地理散歩・宗田克巳
(78.) 岡山の風俗・蓬郷　巌
79. 岡山の海藻・大森長朗
(80.) 岡山の書・佐藤英夫
81. 岡山浮世噺・岡　長平
82. 岡山の神社仏閣・市川俊介
83. 中国山地・三浦秀宥・竹内平吉郎
84. 岡山の島・巌津政右衛門
85. 岡山の山と峠・宗田克巳
86. 吉備の石ぶみ・井上雄風
(87.) 岡山の怪談・佐藤米司
88. 岡山の自然公園・山陽カメラクラブ
89. 岡山の漁業・西川　太
90. 岡山の天文気象・石田五郎・佐橋　謙
91. 岡山の郵便・萩野　秀
(92.) 岡山の鉱物・沼野忠之
93. 岡山のふるさと村・巌津政右衛門
94. 岡山の経済散歩・吉永義光
95. 岡山の庭・山本利幸・前田勝也
96. 岡山の匠・浅原　健
97. 岡山の童うたと遊び・立石憲利
98. 岡山の衣服・福尾美夜
99. 岡山の民俗・土井卓治・佐藤米司・鶴藤鹿忠
(100.) 岡山の樹木・西原礼之助・古屋野　寛